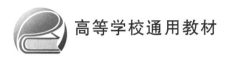

高等学校通用教材

U0167802

人工智能及其航空航天应用

王黎静　主　编

李　可　邓志诚　蒙志君　副主编

张云飞　申晓斌　朱秉钧　刘子钰　参　编

北京航空航天大学出版社

内 容 简 介

人工智能时代已经来临,航空航天作为全世界最早的信息科技产业应用技术领域之一,迫切需要开设人工智能技术及其在航空航天领域应用的课程,为人工智能在航空航天领域人才的培养、学科的发展提供条件。本书重点介绍了人工智能是什么、人工智能在航空航天领域能做什么,选取线性回归、逻辑回归、神经网络、聚类、降维、异常检测、深度学习、强化学习,结合人工智能在航空航天领域应用的案例解释人工智能的应用,以点带面,传授人工智能的基本知识、人工智能的算法理论及其应用方式。

本书适用于航空航天、机械专业本科生和研究生的专业学习,也可供有关科研人员参考。

图书在版编目(CIP)数据

人工智能及其航空航天应用 / 王黎静主编. -- 北京:
北京航空航天大学出版社,2022.4
ISBN 978 - 7 - 5124 - 3775 - 3

Ⅰ. ①人… Ⅱ. ①王… Ⅲ. ①人工智能-应用-航空工程②人工智能-应用-航天工程 Ⅳ. ①V

中国版本图书馆 CIP 数据核字(2022)第 064972 号

人工智能及其航空航天应用

王黎静 主 编
李 可 邓志诚 蒙志君 副主编
张云飞 申晓斌 朱秉钧 刘子钰 参 编
策划编辑 陈守平 责任编辑 杨 昕

*

北京航空航天大学出版社出版发行

北京市海淀区学院路 37 号(邮编 100191)　http://www.buaapress.com.cn
发行部电话:(010)82317024　传真:(010)82328026
读者信箱:goodtextbook@126.com　邮购电话:(010)82316936
北京富资园科技发展有限公司印装　各地书店经销

*

开本:787×1 092　1/16　印张:9.75　字数:250 千字
2022 年 4 月第 1 版　2022 年 12 月第 2 次印刷　印数:1 001～2 000 册
ISBN 978 - 7 - 5124 - 3775 - 3　定价:39.00 元

前　言

人工智能应用的大时代已经到来,这种态势与 20 世纪 80 年代在我国出现的第一次计算机普及高潮非常类似。当时正是高校及时地在非计算机专业设置计算机及计算机应用课程,才为各行各业快速形成基于计算机技术开展专业工作的新局面奠定了人才基础。今天与之类似的情形又一次摆在我们面前,为实现人工智能在行业的普及和应用,亟需为高校各专业本科生开设人工智能技术及其专业应用课程,为人工智能在各行各业的普及和广泛应用输送人才,支持人工智能相关学科发展和高层次人才培养的新格局。作为航空航天专业的从业者,面对航空航天领域的智能发展需求,编写一本基于航空航天应用的人工智能书籍十分必要。

本教材面向本科二三年级的学生,核心在于提高学生的知识、技能及素质。在知识方面,旨在拓宽学生关于人工智能技术的基础知识面,包括人工智能发展史、新技术及其发展趋势,还包括人工智能几种代表算法的理论与应用知识;在技能方面,旨在让学生掌握利用程序设计求解航空航天问题的能力,为综合解决航空航天人工智能应用问题打下基础;在素质方面,旨在培养学生独立思考、积极探索、协同协作等能力。上述知识、技能及素质的提高将为学生在航空航天领域应用人工智能技术提供基础。

本教材整体上可分为 3 个部分,分别是人工智能基本知识(1～2 章)、人工智能基础(第 3～5 章)及人工智能进阶(第 6～10 章)。第 1 章为绪论,主要介绍人工智能的定义、产生与发展、研究目标,并整理概括人工智能在航空航天领域的应用,帮助读者快速了解人工智能及其在航空航天领域应用的意义;第 2 章为人工智能研究基础,主要介绍人工智能的重要学派及掌握人工智能应具备的基本条件,帮助读者快速上手人工智能的学习。从第 3 章将进入正式的算法学习,线性回归、逻辑回归、神经网络三大算法是人工智能实践的基础算法,掌握此 3 项算法的基本原理及操作,即具备了学习更多人工智能的条件;第 6～10 章分别介绍了聚类、降维、异常检测、深度学习及强化学习的理论和其在航空航天领域的应用,它们属于人工智能高阶算法及应用,有助于读者更好地解决实际问题。

本教材的特点如下:①难点分散,能力进阶;②各章节结合航空航天背景题目开展训练,对知识点作了归纳总结;③各教学单元都充分体现了对学生知识与技能、过程与方法、情感态度与价值观的培养。层次化、实践化、体系化的特点符合学生的学习规律,有助于学生构建人工智能知识框架,将学习与应用各要素有机融合。

本教材的编写工作得到了北京航空航天大学航空科学与工程学院的大力支持和帮助,主要编写人员有王黎静、李可、邓志诚、蒙志君、张云飞、申晓斌、朱秉钧、刘子钰等,同时课题组的学生们在材料收集、图表绘制等方面做了大量工作,在此一并对这些老师、同学们表示衷心的感谢,对文中引用的参考文献作者表示感谢。

受限于作者的能力,本书中难免有不妥之处,恳请读者批评指正,使之完善提高。

作　者

2021 年 12 月 28 日北京

本书配有课件供订阅教材的教师使用,索取邮箱 goodtextbook@126.com,联系电话 010-82317738。

本书中作业相关的源数据资料请关注微信公众号"北航科技图书",回复"3775",获得相关的下载链接。

目　　录

第 1 章　绪　论

人工智能自 1956 年诞生以来,在 60 多年的时间里取得了巨大发展,已成为一门理论日臻完善的交叉和前沿学科,在诸多领域得到了广泛的应用。在航空航天领域,人工智能已被证明应用潜力巨大,围绕人工智能的研究正在如火如荼地开展。

什么是人工智能,为什么要研究人工智能,人工智能包括哪些内容,人工智能在航空航天领域如何应用,这些都是航空航天从业人员在了解人工智能学科或人工智能课程时需要思考的问题,也是本书的核心内容。

本章着重介绍人工智能的基础知识,包括人工智能的定义、人工智能的产生与发展、人工智能的研究目标及其在航空航天中的应用。

1.1　人工智能的定义

人工智能的定义可以分为两部分,即"人工"和"智能"。

"人工"比较好理解,我们也会进一步考虑什么是人力所能及制造的,或者人自身的智能程度有没有高到可以创造人工智能的地步等。

至于什么是"智能",问题就复杂多了,它涉及诸如意识、自我、思维(包括无意识的思维)等问题。事实上,人唯一了解的是人类本身的智能,但人们对自身智能的理解,对构成人的智能的必要元素也了解有限,很难准确定义出什么是"人工"制造的"智能"。因此,人工智能的研究往往涉及对人的智能本身的研究,其他关于动物或人造系统的智能也普遍被认为是与人工智能相关的研究课题。

尼尔逊教授对人工智能是这样定义的:"人工智能是关于知识的学科——怎样表示知识以及怎样获得知识并使用知识的科学。"而温斯顿教授认为:"人工智能就是研究如何使计算机去做过去只有人才能做的智能工作。"这些说法反映了人工智能学科的基本思想和基本内容,即人工智能是研究人类智能活动的规律,构造具有一定智能的人工系统,研究如何让计算机去完成以往需要人的智力才能胜任的工作,也就是研究如何应用计算机的软/硬件来模拟人类某些智能行为的基本理论、方法和技术。

自 20 世纪 70 年代以来,人工智能被称为世界三大尖端技术(空间技术、能源技术、人工智能)之一,也被认为是 21 世纪三大尖端技术(基因工程、纳米科学、人工智能)之一,这是因为近 30 年来人工智能获得了迅速的发展,在很多学科领域都得到了广泛应用,并取得了丰硕的成果。

1.2　人工智能的产生与发展

人类自古以来就力图根据自己的认识水平和彼时的技术条件,让机器来替代人完成工作。其中具有重要意义的人工智能,自 1956 年在达特茅斯会议上被正式提出后就一直备受各行各业的关注。伴随着计算机科学、脑科学、信息学等科学的发展,人工智能从概念提出到现今已有 60 余年的历史,其间既有飞跃,亦有低谷,大致可分为 6 个阶段。

一是起步发展期:1956 年至 20 世纪 60 年代初。人工智能概念在首次被提出后,相继取得了一系列令人瞩目的研究成果,如机器定理证明、跳棋程序、LISP 表处理语言等,掀起了人工智能发展的第一个高潮。

二是反思发展期:20 世纪 60 至 70 年代初。人工智能发展初期的突破性进展大大提升了人们对人工智能的期望,人们开始尝试更具挑战性的任务,并提出了一些不切实际的研发目标。之后,接二连三研发失败、预期目标落空,例如无法用机器证明两个连续函数之和还是连续函数、机器翻译闹出笑话等,使人工智能的发展走入了低谷。

三是应用发展期:20 世纪 70 年代初至 80 年代中。20 世纪 70 年代出现的专家系统模拟人类专家的知识和经验解决特定领域的问题,实现了人工智能从理论研究走向实际应用,从一般推理策略探讨转向运用专门知识的重大突破。专家系统在医疗、化学、地质等领域取得成功,推动人工智能进入了应用发展的新高潮。

四是低迷发展期:20 世纪 80 年代中至 90 年代中。随着人工智能的应用规模不断扩大,专家系统存在的诸如应用领域狭窄、缺乏常识性知识、知识获取困难、推理方法单一、缺乏分布式功能、难以与现有数据库兼容等问题逐渐暴露出来。

五是稳步发展期:20 世纪 90 年代中至 2010 年。由于网络技术特别是因特网技术的发展,使信息与数据的汇聚不断加速;因特网应用的不断普及加速了人工智能的创新研究,促使人工智能技术进一步走向实用化。例如 1997 年 IBM 深蓝超级计算机战胜了国际象棋世界冠军卡斯帕罗夫,2008 年 IBM 提出了"智慧地球"的概念,这些都是这一时期的标志性事件。

六是蓬勃发展期:2011 年至今。随着因特网、云计算、物联网、大数据等信息技术的发展,泛在感知数据和图形处理器(Graphics Processing Unit,GPU)等计算平台推动以深度神经网络为代表的人工智能技术飞速发展,大幅跨越科学与应用之间的"技术鸿沟",图像分类、语音识别、知识问答、人机对弈、无人驾驶等具有广阔应用前景的人工智能技术突破了从"不能用、不好用"到"可以用"的技术瓶颈,人工智能发展进入爆发式增长的新阶段。

1.3　人工智能的研究目标

人工智能是计算机科学、控制科学、信息科学、认知科学、神经科学、神经生理学、心理学、语言学等多种学科互相渗透而发展起来的一门综合性学科,就其本质而言,它是研究如何制造出智能机器或智能系统来模拟人类智能活动,以延伸人类智能的科学。计算机所要模拟的人类智能活动的能力,具体可以概括为:通过视觉、听觉、触觉等感官活动,接受并理解文字、图像、声音、语言等各种外界的"自然信息",即认识和理解世界环境的能力;通过人脑的生理与心理活动以及有关的信息处理过程,将感性知识抽象为理性知识,并能对事物运动的规律进行分析、判断和推理,即提出概念、建立方法、进行演绎和归纳推理并作出决策的能力;通过教育、训练和学习过程,日益丰富自身的知识和技能,即学习的能力;对变化多端的外界环境条件,如干扰、刺激等作用能灵活地作出反应,即自我适应的能力。不论从什么角度来研究人工智能,都是通过计算机来实现的,因此可以说人工智能的中心目标是要搞清楚人工智能的有关原理,使计算机有智慧、更聪明、更有用。

1.4 人工智能在航空航天中的应用

航空航天领域作为全世界最早的信息科技产业应用技术领域之一,是人工智能落地应用的重要领域。

1.4.1 人工智能在航空中的应用

在民用航空领域,人工智能、物联网、云计算、移动互联网和大数据等技术广泛应用并深度融合,全面实现了行业安全、服务、运营和保障等智能化运行。2018 年 11 月,民航局印发《新时代民航强国建设行动纲要》,提出"着力推动民航与互联网、人工智能和大数据等新技术的深度融合"。为了支撑未来航空运输的持续发展,国际民航组织制订了全球空中航行计划(DOC9750),明确了未来全球统一空中交通管理的基本方向,以确保未来飞机的安全和高效运行。根据国际民航组织制订的全球空中交通管理运行计划,各国为了更好地满足本地区空中交通运输发展的需求,围绕"通过技术和管理变革推动空中交通管理现代化"开展了相应研究。美国下一代航空运输系统(NextGen)计划和欧洲单一天空计划(SESER)的推进实施,形成了当前民用航空运输领域特别是空中交通管理(空管)领域技术体制和运行模式的基本架构,如广播式自动相关监视(ADS - B)、全球导航卫星系统(GNSS)、卫星着陆系统(GLS)、全系统信息管理(SWIM)和多点定位(MLAT)等设备设施架构,以及基于性能的导航(PBN)、持续爬升运行/持续下降运行(CCO/CDO)、基于航迹的运行(TBO)和协同决策(CDM)等运行概念和架构。这些计划拟通过满足能源约束、环境约束、体验性约束与竞争力约束等,提升民航发展的质量,满足安全、高效、绿色和可持续发展的内涵需求。

以人工智能在民用航空中服务的应用——旅客风险预警及安全管理技术为例,展开实际应用的说明。未来航站楼设计以旅客为中心,面向旅客提供无障碍安检和智能引导服务,面向航站楼管理机构提供旅客安全监控、风险识别和预警及疏导等。通过旅客智能终端、航站楼Wi-Fi 等搭建航站楼物联网,通过生物识别技术实现无障碍安检,通过视频计算、情感计算、室内定位和大数据实现航站楼风险监控与预警,通过 VR、AR 和室内定位等实现智能引导。基于旅客风险预警及安全管理包括以下内容:旅客状况计算,即通过对个体旅客和群体旅客面部表情和肢体特征的捕捉和识别,对航站楼的安全状况和舆情进行总体评估,从而识别潜在风险;旅客出行特征分析,即基于旅客出行交通方式和消费方式大数据,分析旅客出行选择和消费偏好的一般统计和个性化特征,用于优化航线网络、航班波和旅客出行服务;多种交通工具出行智能规划,即支持旅客出行门到门智能规划。其关键技术包括自然语言理解、基于模糊语义特征的异构信息网络中关联信息的智能提取与综合、异构交通网络多准则行程规划及非对称信息下群体议价博弈等。基于每名乘客的交互数据,美联航利用人工智能和机器学习优化客户体验,调整机票价格以匹配乘客资料。该引擎考虑了乘客的曾购买、偏好、目的地和活动等因素。人脸识别技术目前也应用在一些航站楼中,帮助机场乘客加快办理登机手续。达美航空公司首次实施了此流程,该公司当时估计,此举将乘客登机时间缩短了近 10 min,该系统还用于国际航班的登机手续和行李托运等。2018 年首都机场 T2 航站楼也使用了该项技术,乘客可在 1 min 内自助完成身份认证和人脸识别比对。而阿联酋航空在 2017 年底进行了一项为期 30 天的测试,将在线广告植入人工智能机器人,跟踪调查后发现人工智能机器人广告与标准展示广告相比,与消费者的互动率提高了 87%。

在军用航空领域,由于其任务场景具有环境高复杂、博弈强对抗、响应高实时、信息不完整、边界不确定的特征,因此无法将民用人工智能技术直接应用到军事应用中。世界各主要军事强国都在军事领域投入大量研发资源,用于提升武器装备对军事任务场景的感知、认知、决策和执行能力,并通过对战场数据的进一步挖掘和处理,形成新技术支撑下的全新对抗战术和战法。美国空军也于 2019 年 9 月公布了其人工智能发展战略——《2019 年空军人工智能战略》。这一系列战略文件的发布,以及近年来密集的预算投入,标志着美军已正式将人工智能作为未来保持非对称军事优势的关键核心所在。公开资料显示,美国国防部的人工智能投资从 2016 财年的 6 000 万美元迅速提升至 2021 财年的 25 亿美元(包括在自主领域的投资),并且据国防部宣称其目前有超过 600 个人工智能项目正在进行。目前,基于人工智能的智能雷达、智能电磁频谱战设备、智能协同无人机集群,基于类脑技术的信息获取与处理,基于机器学习和计算机视觉的军事图像分析、军事资源能力知识图谱,基于 AR 或 VR 技术的单兵装备、空间智能感知、智能空管等新一代人工智能军工技术和产品已经得到应用。

以人工智能在军用航空中的应用——智能机载系统为例,展开实际应用的说明。智能机载系统往往扮演着航空平台的眼睛、耳朵和大脑的重要角色,随着人工智能、认知科学等的发展,越来越多的机载系统有望具备先验知识储备、学习、认知和自适应等能力,从而大大增强平台综合性能,降低飞行员任务负担,其中认知雷达就是一个典型案例,如图 1.1 所示。现代雷达系统不仅要面对电子干扰、低空/超低空突防、高速反辐射导弹、隐身飞机四大传统威胁,还要具有多工作模式、多目标处理、多任务执行的多功能特性。快速动态变化的环境对现代雷达系统提出了高鲁棒性、高适应性和高性能的要求。广泛认为认知雷达应具备 3 种能力:①雷达系统具备基于当前数据的自适应能力,即构建环境感知通道和处理反馈系统;②雷达系统需要具备自适应调整能力,即具有可重构性;③雷达系统具备基于知识自适应能力,即实现信息分选、存储和更新。在过去十几年的研究工作中,对认知雷达的研究广泛使用了贝叶斯决策理论、信息论、决策理论(包括模糊逻辑、基于规则的系统、元启发式算法和马尔可夫决策过程等)、动态规划、优化算法、博弈论等方法。AFRL 和 DARPA 先后启动了基于知识的雷达(KB-RADER)、知识辅助的传感器信号处理与专家推理(KASSPER)和知识辅助雷达(KA-RADER)项目。随着深度学习的大放异彩,DARPA 又于 2013 年启动了雷达与通信共享频谱(SSPARC)和自适应雷达对抗(ARC)2 个研究项目。欧洲防务局于 2020 年宣布将启动"在复杂对抗电子战环境中应用的基于人工智能强化的雷达/通信系统"研究项目,旨在基于人工智能改善和提升复杂对抗环境中已列装的雷达和通信系统的性能。

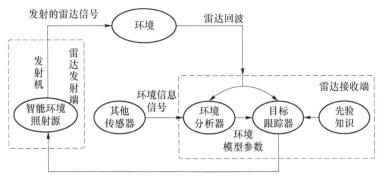

图 1.1　认知雷达的示意框图

1.4.2　人工智能在航天中的应用

传统航天器是在地面站的支持下运行的,存在自主性、时效性差等问题。随着人工智能技术的迅速发展,将人工智能技术应用到航天器运行中,可为航天器自主运行、减少对地面站的依赖提供重要解决方案。

人工智能在航天中的应用最早可以追溯到 20 世纪 70 年代,当时的应用主要为基于"符号主义"建立专家系统。例如,围绕航天飞机,NASA 先后开发和应用了液氧推进剂装填专家系统(LOX)、执行飞行任务和程序修订的专家系统(Expert)、发射前专家系统(PLES)、智能化信息管理系统(IMIS)、基于知识库的自动测试系统(KATE)和发射过程专家系统(LPS - Ⅱ)等。对于专家系统而言,知识获取一直是限制其发展的瓶颈问题,而且在定量分析上,专家系统也面临着困难。近年来,随着以智能芯片、深度学习为代表的人工智能技术的发展,人工智能在航天领域得到了新的突破和应用。美国空军计划将人工智能应用于太空态势感知;美国密苏里大学研究了利用深度学习方法遥感定位导弹发射场的技术;日本 JAXA 设想自动建设人类月球基地;中国的"吉林一号"卫星将人工智能与空间对地观测载荷相结合,用于目标识别等。为了衡量和评估人工智能在航天领域中的应用程度,AIAA(American Institute of Aeronautics and Astronautics,美国航空航天学会)下属的空间操作与支持技术委员会(SOSTC)对航天器的自主性及智能性水平进行了调研分析,将智能化水平按层次分为 Level 1～Level 6 这 6 个等级。6 个等级分别定义为 Level 1——手动操作;Level 2——自动化;Level 3——有人地面智能推理;Level 4——无人地面智能推理;Level 5——在轨智能推理;Level 6——自主思考航天器。目前航天领域人工智能的应用大多还处于 Level 2～Level 4 的水平,应用范围主要包括运载火箭、应用卫星、空间探测、宇航系统设计与制造 4 个方面。

在运载火箭方面,NASA 于 20 世纪 60 年代在"水星"号上应用了简单的状态监测;70 年代在"阿波罗"号上应用了基于算法的诊断;80 年代在航天飞机上应用了基于知识的智能诊断;到 90 年代之后进入了自动化、自主化的诊断与健康管理过程;到 21 世纪在线轨迹规划得到了应用,如 SpaceX 火箭在返回段采用了基于凸优化的在线轨迹规划方法,正在研制的美国 SLS 重型运载火箭可以在故障时通过自主规划进入一个安全轨道等待救援。运载火箭的整体发展历程如图 1.2 所示。基于我国自动或智能化的故障诊断技术方面的研究成果,我国运载火箭已经实现了基于阈值的运输故障诊断,并在中国运载火箭技术研究院研制的长征二号 F 运载火箭上得到了充分应用。而在运输任务重规划中,我国轨迹优化方法目前均为地面离线生成,对在线轨迹规划方法理论研究较多,尚未开展工程应用。总的来说,各国目前在运载火箭测试发射无人操作、飞行阶段的故障监测、轨迹与控制规律重构等方面开展相关技术研究,主要内容包括:减少发射操作过程对人员高度依赖问题;解决一次性使用运载火箭飞行任务变化、飞行环境变化和突发故障,即运载火箭的鲁棒适应性问题;解决重复使用火箭智能健康监测和评估问题。

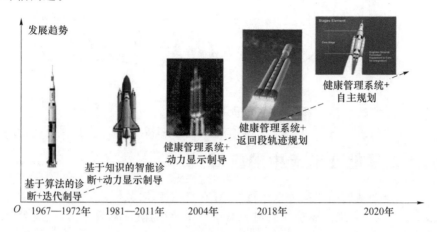

图 1.2　运载火箭智能发展历程

在应用卫星方面,美国最早在 1998 年"深空一号"(DS-1)计划中对深空航天器任务自主规划、故障诊断修复技术进行了验证。DS-1 是 NASA 新千年计划中的一个技术验证项目,它验证了部分自主技术,包括自主导航技术、自主远程决策技术、自主软件测试技术等,开展了一定程度的自主规划、诊断和恢复能力技术验证。DS-1 中应用的自主远程 Agent 是第一个采用人工智能实现无人监控条件下的航天器在轨控制系统,如图 1.3 所示。在国内遥感领域,航天星图科技有限公司创建了 GEOVIS 5 空天大数据承载与智能服务平台,将空天大数据、云计算与人工智能技术深度融合,提高了遥感数据处理能力和智能化水平。在集群领域,上海航天控制技术研究所正在开展七星集群五种协同观测任务的自主规划研究。

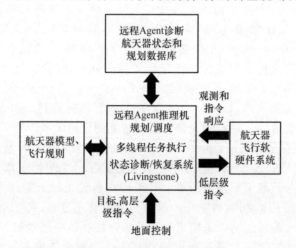

图 1.3　远程 Agent 系统框架

空间探测领域主要涉及空间机器人,包括轨道机器人(空间操控机器人、自由飞行机器人)和行星机器人(星表巡视作业机器人、宇航员服务机器人)等。空间探测领域中,空间操控机器人可辅助和拓展宇航员的在轨操作能力,替代或补充宇航员的出舱活动;自由飞行机器人可实现对被服务航天器的捕获、加注、更换、维修、重定轨、组装等作业;星表巡视作业机器人可为载人行星探测开展先导性的科学探测;宇航员服务机器人则辅助宇航员星表出舱活动。目前空间探测领域人工智能的主要应用方向有空间机器人共性智能技术、轨道机器人和行星机器人。在我国深空探测领域,嫦娥三号软着陆任务中,从着陆器携带的降落相机获取的降落影像序列,图像质量清晰连续,为着陆点精确定位提供了保障;嫦娥三号巡视器在探测过程中,地面根据传回的图像确定巡视移动策略和路径,每项探测任务均在地面远程遥操作的控制方式下完成。在轨操控领域,上海航天控制技术研究所研制的卫星制导与控制系统具备一定的在线自主路径规划能力;中国空间技术研究院联合哈尔滨工业大学等于 2016 年完成国际首次人机协同在轨维修任务验证,完成了插拔电连接器、旋拧螺钉等试验。

在宇航设计与制造方面,人工智能需适应航天宇航小批量柔性制造特点,实现高质量、高效率和高效益发展。引入人工智能技术,可以将目前的半智能化计算机辅助设计系统升级为智能化计算机辅助设计系统,整合现有的海量资料及资源,模拟人脑思考的过程,彻底解决上述三类问题。在智能制造方面,利用大数据技术,对于运载火箭制造装配需要的物资、工具、生产线、场地、工装、人员、运输车辆都统一进行编码采集与实时定位管理,将散布在全国各地的运载火箭制造装配资源条件进行投筹管理,真正做到全国一盘棋,并与运载火箭发射任务计划有机对接,通过态势分析与智能预测,实现生产规模进度的最优化预测管理,成本进度最优化,并能够实现突发风险的动态应变处置,实现成本最优化管理。

1.5 总 结

本章主要介绍了人工智能的定义、人工智能的产生与发展,并对人工智能的研究目标与人工智能在航空航天领域的应用进行了简要介绍,从中读者可以看出人工智能学习的时代性与必要性,知识结构如图 1.4 所示。

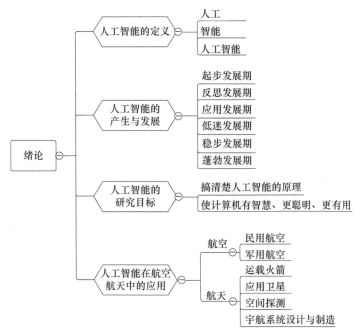

图 1.4 本章内容总结

第2章 人工智能研究基础

人工智能研究涉及计算机科学、脑科学、神经生理学、心理学等,是一门综合性的交叉学科。目前对人工智能的认识主要存在三大主要学派,各学派关于人工智能的起源与依据有着不同的看法,并设计了不同的算法,涉及不同的知识与技能。本章围绕三大主要学派分别介绍其代表人物与代表算法,并基于不同学派的信息提炼开展人工智能研究时的基础知识与技能,以便读者能够掌握人工智能的核心思想,并能尽快上手进行人工智能实践。

2.1 人工智能学派

目前,在国际人工智能界公认的研究学派主要有符号主义、联结主义、行为主义。下面分别对这些学派作简单介绍,主要包括各学派中的代表人物及其算法特点,并介绍算法的应用范围及算法的未来发展。

2.1.1 符号主义

符号主义,又称逻辑主义,是基于物理符号系统假设和有限合理性原理的人工智能学派。该学派将人视作一个物理符号系统,而计算机也是一个物理符号系统,因此能够用计算机的符号操作来模拟人的智能行为。符号主义者于1956年首先采用"人工智能"这个术语,发展了启发式算法和专家系统,为人工智能的发展作出了重要贡献。尤其是专家系统的成功开发与应用,对人工智能走向工程应用和实现理论联系实际具有特别重要的意义。在人工智能的其他学派出现之后,符号主义仍然是人工智能的主流派别,其代表人物主要有纽威尔、肖、西蒙和费根鲍姆。

纽威尔、肖、西蒙的工作主要聚焦于"启发式算法"。他们于1956年编制了"第一个人工智能程序"——基于搜索树的方法的数学定理证明程序"逻辑理论机"。但是由于搜索树方法的局限性,随着推理的进行,树的模型会呈指数增长,求解的难度大大增加。为了解决这一问题,纽威尔与西蒙使用"经验法则"来对树的分支进行"修剪",从而简化树的模型,这些法则后来被称为"启发式算法"。

启发式算法是一种基于直观或经验构造的算法,能够在可接受的代价下给出待解决组合优化问题每一个实例的可行解。这种算法都是从一个(一组)初始解出发,在算法的关键参数的控制下通过邻域函数产生若干邻域解,按某个接受标准(确定性、概率性或混沌方式)更新当前状态,然后按关键参数修改标准、调整关键参数,并重复以上步骤得到满足算法收敛要求的优化结果。这一算法后来成为人工智能领域的重要领域,并成为处理难以求解的指数组合爆炸的重要方法。

虽然有启发式算法的帮助,逻辑理论机仍然不能用于处理复杂的现实生活中的问题。于是纽威尔、肖、西蒙于 1957 年又基于逻辑理论机的工作创建了 GPS(General Problem Solver,一般问题解决器)系统,将待解决的问题与策略进行了分离,从而简化求解过程。尽管如此,GPS 系统能够处理的问题仍然十分有限,也很难把实际问题改造成适合于计算机解决的形式。

费根鲍姆的工作主要在于专家系统的开发。他在总结 GPS 系统研发经验的基础上,于 1965 年,结合化学领域的专业知识,创造了世界上第一个专家系统——用于推断化学分子结构的 dendral。随着专家系统的发展,它的应用涵盖到几乎所有领域,其中不少在能力上已达到甚至超过同领域中人类专家的水平,并产生了巨大的经济效益。

专家系统通常由人机交互界面、知识库、推理机、解释器、综合数据库、知识获取等 6 个部分构成。它的基本工作流程是:用户通过人机界面进行提问,推理机将用户输入的信息与知识库中各个规则的条件进行匹配,并把被匹配规则的结论存放到综合数据库中,再通过人机交互界面将最终结论呈现给用户。专家系统还可以通过解释器向用户解释以下问题:系统为什么要向用户提出该问题? 计算机是如何得出最终结论的? 其工作流程如图 2.1 所示。

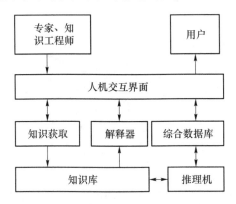

图 2.1 专家系统工作流程

总的来说,符号主义在人工智能发展的初期取得过很大的成就,但近年来发展逐渐变缓,取得的主要成果都集中于启发式算法和专家系统。

现阶段人工智能领域广泛应用的蚁群算法、模拟退火法和神经网络等都是启发式算法的代表。算法未来的发展主要有以下 4 个方向:对现有分散的研究成果进行整理归纳,建立统一的算法体系结构;在现有的数学方法的基础上寻求新的数学工具;开发新的混合式算法及开展现有算法改进方面的研究;研究高效并行或分布式优化算法。

而专家系统的发展已经历了 3 个阶段,正向第四代过渡和发展。目前国内外专家系统应用还停留在相对狭义的以规则推理为基础的阶段,应用也更多针对实验室研究以及一些轻量级应用,远不能满足大型商业应用、实时智能推理以及大数据处理的需求。专家系统的发展下一步将以模型推理为主,以规则推理为辅,并切合商业应用需求,满足对实时以及大数据量处理的需求;同时,朝着更为专业化方向发展,针对具体方向性的需求提供针对性模型与产品。

2.1.2 联结主义

联结主义,又称仿生学派或生理学派,是基于神经网络及网络间的联结机制与学习算法的人工智能学派。联结主义认为人工智能起源于仿生学,特别是人脑模型的研究。它的代表性成果之一是 1943 年由生理学家麦卡洛克(McCulloch)和数理逻辑学家皮茨(Pitts)创立的脑模型,即 M-P 模型,开创了用电子装置模仿人脑结构和功能的新途径。它从神经元开始进而研究神经网络模型和脑模型,开辟了人工智能的又一发展道路;20 世纪 60—70 年代,联结主义,尤其是对以感知机(perceptron)为代表的脑模型的研究出现过热潮,由于受到当时的理论模型、生物原型和技术条件的限制,脑模型研究在 20 世纪 70 年代后期至 80 年代初期落入低潮;直到 Hopfield 教授在 1982 年和 1984 年发表两篇重要论文,提出用硬件模拟神经网络以后,联结主义才又重新抬头;1986 年,鲁梅尔哈特(Rumelhart)等人提出多层网络中的反向传播(BP)算法。此后,联结主义势头大振,从模型到算法,从理论分析到工程实现,为神经网络计算机走向市场打下基础。现在,对人工神经网络(ANN)的研究热情仍然较高,但研究成果没有预想的那样好。

接下来将分别对 M-P 模型、感知机和 BP 算法的提出者及模型进行简单介绍。

1943 年,美国神经科学家麦卡洛克(Warren McCulloch)和逻辑学家皮茨(Water Pitts)(见图 2.2)对生物神经元进行建模,首次提出了一种形式神经元模型,并命名为 McCulloch-Pitts 模型,即后来广为人知的 M-P 模型,这是现代人工智能学科的奠基石之一。

图 2.2 Water Pitts(左)和 Warren McCulloch(右)

为了方便读者理解,我们将 M-P 模型与生物神经元进行比较,如图 2.3 所示。

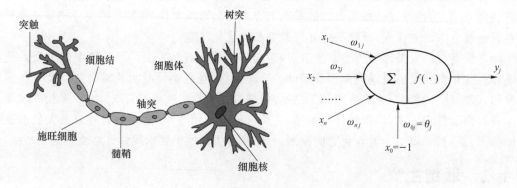

图 2.3 生物神经元与 M-P 模型对比示意图

按照生物神经元结构,我们建立了 M-P 模型。在 M-P 模型中,神经元接受其他 n 个神经元的输入信号(0 或 1),这些输入信号经过权重加权并求和,将求和结果与阈值(threshold) θ_j 比较,然后经过激活函数处理,得到神经元的输出。

M-P 模型可以表示为

$$y_j = f\left(\sum_{i=1}^{n} \omega_{ij}\, x_i - \theta_j \right)$$

M-P 模型是所有人工神经元中第一个被建立起来的,在多个方面都显示出生物神经元所具有的基本特性。M-P 人工神经元也是整个人工神经网的基础,目前其他形式的人工神经元大多数都是在 M-P 模型的基础上经过不同的修正、改进变换而发展起来的,比如接下来要介绍的感知机。

20 世纪 50 年代初期,弗兰克·罗森布拉特(见图 2.4)提出了感知机(perceptron)的概念。感知机,又称"人工神经元"或"朴素感知机",是用于线性可分模式(即模式分别位于超平面所分隔开的两边)分类的最简单的神经网络模型。Rosenblatt 感知机建立在一个非线性神经元上,即前面讲到的神经元的 McCulloch-Pitts 模型。

图 2.4　弗兰克·罗森布拉特(Frank Rosenblatt)

感知机是一种二类分类的线性模型,目的是把外部作用刺激 $x_1, x_2, \cdots, x_n$ 正确分为 φ_1 和 φ_2 两类。其分类规则是:如果感知机输出 y 是 +1 就将对应的点分配给 φ_1 类,如果感知机输出 y 是 -1 则分配给 φ_2 类。感知机模型是神经网络和支持向量机的基础。

假设输入空间是 $X \subseteq \mathbf{R}^n$,输出空间是 $Y = \{+1, -1\}$。输入 $x \in X$ 表示实例的特征向量,对应于输入空间的点;输出 $y \in Y$ 表示实例的类别。由输入空间到输出空间的如下函数

$$f(\boldsymbol{x}) = \text{sign}(\boldsymbol{\omega} \cdot \boldsymbol{x} + b)$$

称为感知机。其中,$\boldsymbol{\omega} \in \mathbf{R}^n$ 叫作权值(weight)或权值向量(weight vector),$b \in \mathbf{R}$ 叫作偏置(bias)。sign 是符号函数,即

$$\text{sign}(x) = \begin{cases} +1, & x \geqslant 0 \\ -1, & x < 0 \end{cases}$$

感知机是作为神经网络(深度学习)的起源的算法,具有简单且易于实现的特点。因此,学习感知机的构造也就是学习通向神经网络和深度学习方法的一种重要途径。

自从 20 世纪 40 年代赫布(D.O. Hebb)提出学习规则以来,人们相继提出了各种各样的学习算法,Rumelhart(见图 2.5)等在 1986 年提出的误差反向传播法,即 BP(error BackPropagation)算法是影响最为广泛的算法之一,直到今天,BP 算法仍然是自动控制上最重要、应用最多的有效算法。

图 2.5   Rumelhart

BP 算法的基本思想是,学习过程由信号的正向传播与误差反向传播两个过程组成。图 2.6 为 BP 算法示意图。正向传播时,输入样本从输入层传入,经过各隐藏层逐层处理后,传向输出层。若输出层的实际输出与期望输出不符,则转入误差的反向传播阶段。误差反向传播是将输出误差以某种形式通过隐藏层向输入层逐层反传,并将误差分摊给各层的所有单元,从而获得各层的误差信号,此误差信号即作为修正单元权值的依据。这种信号正向传播与误差反向传播的各层权值调整过程周而复始地进行,权值不断调整的过程,也就是网络学习训练的过程,此过程一直进行到网络输出的误差减少到可接受的程度,或进行到预先设定的学习次数为止。

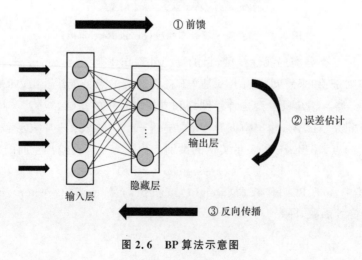

图 2.6   BP 算法示意图

BP 算法系统解决了多层神经网络隐藏层连接权重学习问题,具有理论依据坚实、推导过程严谨、物理概念清楚、通用性强等优点。但是,人们在使用中发现 BP 算法存在收敛速度缓慢、易陷入局部极小化等缺点。

人工神经网络技术的关键在于,用户无需指定模拟领域的规则,只需提供输入数据与输出数据采样,神经网络可以从训练数据中自行摸索,当然,数据采样规模越大、种类越多,神经网络效果越好。因为神经网络的训练是基于有效的误差最小化算法,所以它们天生具有抗噪性,能消除异常值并将所得数值收敛于误差范围以内。

因此,联结主义算法并不需要一个包罗万物的普适模型,只要有足够的样本数据,便可从统计学意义上自行推导出那个模型。这既是联结主义算法的长处,也是它的软肋。输入特征必须谨慎选择,并通过规范化、精细化处理来避免某一个特征喧宾夺主。此外,输入特征还要预处理,这对数据分类来说意义重大。

2.1.3　行为主义

行为主义,又称进化主义或控制论学派,是基于控制论和“感知-动作”型控制系统的人工智能学派。行为主义认为人工智能起源于控制论,提出智能取决于感知和行为,取决于对外界复杂环境的适应,而不是表示和推理。行为主义是 20 世纪末才以人工智能新学派的面孔出现的,行为主义人工智能早期的研究工作重点是模拟人在控制过程中的智能行为和作用,如对自寻优、自适应、自镇定、自组织和自学习等控制论系统的研究,并进行“控制论动物”的研制。新一代的“控制论动物”中的代表作有布鲁克斯(Brooks)(见图 2.7)的六足行走机器人,是一个基于感知-动作模式模拟昆虫行为的控制系统。

图 2.7　罗德尼·布鲁克斯(Rodney Brooks)

行为主义人工智能认为智能取决于对外界复杂环境的适应,智能行为产生于主体与环境的交互过程中,复杂的行为可以通过分解成若干个简单的行为加以研究。同时行为主义认为智能主体只有在真实环境中,通过反复学习才能学会处理各种复杂情况,最终学会在未知环境中运行。如何实现这种使主体在与环境的交互中学习动作行为,目前主要有两种研究方法:进化计算和强化学习。

进化计算中遗传算法是模拟生物进化的随机算法。它遵循达尔文的优胜劣汰原则。它由

John Holland 提出,并经由 Goldberg、De Jong、Davis 等人不断完善。遗传算法的一般步骤分为①创造种族;②对每个种族进行评估;③选择适应性最好的种群;④通过基因操作来选择新的种群。遗传算法的具体流程如图 2.8 所示。

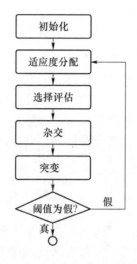

图 2.8 遗传算法流程示意图

遗传算法具有良好的全局搜索能力,可以快速地将解空间中的全体解搜索出来,而不会陷入局部最优解的快速下降陷阱;并且利用它的内在并行性,可以方便地进行分布式计算,加快求解速度。但是遗传算法的局部搜索能力较差,导致单纯的遗传算法比较费时,在进化后期搜索效率较低。根据遗传算法所具有的特点,该类算法主要用于以下三个领域:智能搜索、最优化和机器学习。

强化学习则研究的是智能体与环境之间交互的任务,也就是让智能体像人类一样通过试错,不断地学习在不同的环境下做出最优的动作,如图 2.9 所示。Bellman 于 1957 年提出了求解最优控制问题以及最优控制问题的随机离散版本马尔可夫决策过程(Markov Decision Process,MDP)的动态规划方法,而该方法的求解采用了试错迭代求解的机制,使马尔可夫决策过程成为定义强化学习问题的最普遍形式。

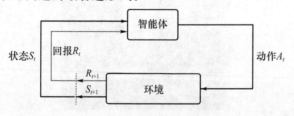

图 2.9 机器学习交互过程

1992 年 Watkins 在此基础上提出了 Q - Learning 算法,Q - Learning 是强化学习算法中的一种经典算法,Q 即为 $Q(S,A)$,就是在某一时刻的状态 S(State)下,采取动作 A(Action)能够获得收益的期望,环境会根据智能体(Agent)的动作反馈相应的回报 R(Reward),所以算法的主要思想就是将状态(State)与(Action)构建成一张 Q 表格来存储 Q 值,然后根据 Q 值来选取能够获得最大的收益的动作。强化学习提供了这样一种美好的前景:只要确定了回报,不需要规定智能体怎样完成任务,智能体就能通过试错学会最佳的控制策略。

2.2　人工智能基础知识与技能

　　通过对各学派的介绍可以发现,人工智能的研究依赖于不同的学科基础,开展人工智能研究时最好具备多学科的综合知识与技能;但同时,不论基于何种思路的人工智能研究,在问题的解决上都具备共通的处理思路、数学运算基础等知识,掌握数据处理的技能并对语言和开发工具进行应用。本节将介绍人工智能问题处理范式、概率论与统计基础、数据处理及语言和开发工具的基本内容。

2.2.1　人工智能问题处理范式

　　在人工智能问题的求解中,以目标为导向,数据在算法的驱动下对模型进行训练与完善。总的来说,人工智能问题的处理主要包括以下 5 个步骤:①数据收集;②数据输入;③数据探索与预处理;④训练及测试算法或建模;⑤评估。

　　数据收集部分可以是有样本的数据集构建,也可以是没有样本的数据、开发人员因为需要自己构建符合现象的数据,例如强化学习中的训练数据。数据输入部分通常包括数据的标注,明确数据的含义与特点,明确训练用数据与测试用数据。数据探索与预处理通常包括数据的清理、转换及补充规范数据等,此部分内容涉及的信息对读者有重要意义,因此后面将会单独讲解。

　　在训练及测试算法或建模中,通常涉及的核心概念有目标函数与代价函数。目标函数指反映数据特点的模型,通常即人工智能问题的直观数学表达;代价函数指目标函数代表的数据模型与数据真实特性间存在的差异,通常可以用目标函数值与实际目标值的差异来定义。人工智能模型训练,核心在于寻找最恰当的目标函数,且该目标函数所引发的代价函数值最小。

　　最后,必须对模型进行评估、优化与部署。通过对算法的多次调试,使得模型能够恰当反映数据特点,能够顺利拟合目标变量,从而顺利部署,解决问题。

　　此部分内容读者在阅读时可能无法完全理解,但随着学习的深入,读者可返回阅读,以体会人工智能问题处理的共通性。

2.2.2　数学基础

　　人工智能各个领域的研究都离不开数学知识。可以说,要想理解人工智能背后运行的原理,首先要具备扎实的数学基础。以机器学习为例,机器学习的步骤包括数据收集、算法设计、算法实现、算法训练、算法验证和算法应用,可以看出,机器学习的基础是数据,而核心则是算法,因此可以把机器学习问题看成一个数学问题。在本书中,人工智能涉及的数学基础主要包括高等数学、线性代数、概率论与数理统计。

　　在高等数学方面,主要运用的是微积分中的微分部分,作用是求函数的极值,以解决求解算法模型过程中遇到的最优化问题。这也是很多机器学习库中的求解器(solver)所实现的功能。其中最核心的是多元函数的泰勒展开公式,根据它我们可以推导出机器学习中常用的梯度下降法、牛顿法、拟牛顿法等一系列最优化方法。其具体知识点包括:导数和偏导数的定义与计算方法、梯度向量的定义、凸函数的定义与判断方法、泰勒展开公式等。

在线性代数方面,一般通过向量、矩阵或张量来处理机器学习算法中的数据。经典的机器学习算法输入的数据都是特征向量,深度学习算法在处理图像时输入的是 2 维矩阵或 3 维张量。掌握这些知识会大大简化我们进行数据运算时的工作量。其具体知识点包括:向量、矩阵及其运算(包括加法、减法、乘法、数乘、转置等),逆矩阵的定义与性质,行列式的定义与计算方法,二次型的定义,矩阵的正定性,矩阵的特征值与特征向量等。

概率论与数理统计主要用来寻找最合适的输出,也是人工智能研究中必备的数学基础。随着联结主义学派的兴起,概率统计已经取代了数理逻辑,成为人工智能研究的主流工具。比如神经网络中,需要使用 softmax 来找出最后一层中数值最高的神经元。又或者线性回归中,需要使用均方误差来表示当前模型效果的好坏。其具体知识点包括:随机事件的概念、概率的定义与计算方法、随机变量与概率分布,尤其是连续型随机变量的概率密度函数和分布函数、条件概率、随机变量的均值与方差、协方差、随机变量的独立性等。

2.2.3 数据处理

开展人工智能研究的重要基础是数据,因此对数据的处理在很大程度上影响研究的结果。人工智能中的数据处理主要有选择数据、数据预处理、特征处理、数据向量化、可视化分析、模型构建等。本小节主要介绍数据的预处理及特征处理两部分。

数据预处理:在进行数据分析之前往往需要处理大量数据,这些数据都为原始数据;为了提供数据作为机器学习算法的输入,需要将其转换为有意义的数据。数据预处理通常需要进行异常数据检测及缺失数据处理。异常检测:在数据集中,异常值作为不寻常的表征点,无利于后面算法对于数据集中模式的挖掘,甚至会极大地影响性能,异常值检测是数据预处理中非常重要的一步。一些最流行的离群检测方法包括:Z 分数(Z - Score)或极值分析(参数)、概率和统计建模(参数)、线性回归模型(PCA,LMS)、基于邻近模型(非参数)、信息理论模型、高维离群检测方法(高维稀疏数据)。缺失数据处理:在大多数情况下,当我们从不同的资源收集数据时,在我们的数据中有很大可能会缺失一些值,其中主要包括 3 种类型的缺失值,即完全随机缺失、不完全随机缺失、随机丢失;目前主要有 8 种处理数据缺失问题的方法,即均值、中值、众数替换,随机样本估算,用新特性获取缺失值,End of Distribution,任意值替换,频繁类别归责,使用 KNN 填充,删除所有缺失值。数据预处理过程会大大提高数据的质量,提高机器的可读性,有利于进行统一的分析与计算。对于异常数据检测及缺失数据处理的几种方法侧重点不同,各有优缺点,要在不同的数据条件下选择不同的方法,以达到最佳的数据清洗效果。

特征处理:数据特征会直接影响模型的预测性能。可以说选择的特征越好,最终得到的性能也就越好,我们需要的是能够很好地描述数据内部结构的好特征。因此找到好的数据特征往往是机器学习的核心任务。数据处理的方式包括特征学习和特征工程。特征学习,又叫表示学习或者表征学习;指"学习的过程",是从数据中自动抽取特征或者表示的方法,模型自动对输入数据进行学习,得到更有利于使用的特征。特征学习代表的算法大致包括:深度学习、某些无监督学习算法以及某些树模型。深度学习,包括大部分常见的模型,如 CNN/RNN/DBN,也包括迁移学习等,其学习过程是一种对于有效特征的抽取过程,深度学习的层层网络可以从数据中自动学习到有用的、高度抽象的特征,从而帮助分类层作出良好的预测。某些无监督学习算法,如主成分分析(PCA),通过对数据转化而使输入数据更有意义;某些树模型,可以自动地学习到数据中的特征并同时作出预测。特征工程主要指对于数据的人为处理提取,以得到我们认为的、适合后续模型使用的样式,作为输入供算法和模型使用。模型依赖人为处理的数据特征,而模型的主要任务是预测。特征工程的处理方法主要包括 11 种:标准化,即计算特征的均值和标准差;归一化,即将数据转换成 0~1 之间的值;离散化,即将连续值分成若干段,转换成离散值;数据转换,若特征值数据相差太大,则可以进行对数处理,若特征数据相差较小,则可以使用指数处理;One - hot,将文本类的属性,转换成机器能识别的数字属性;降维,当特征数量太多时,需要对特征进行降维处理;特征选择,找出信息增益最高的几个特征以去除存在线性关系中的特征;方差选择法,计算各个特征的方差,然后根据阈值选择方差大于阈值的特征;相关系数法,计算各个特征对目标值的相关系数以及相关系数的 P 值;卡方检验,假设自变量有 N 种取值,因变量有 M 种取值,考虑自变量等于 i 且因变量等于 j 的样本频数的观察值与期望的差距,构建统计量;基于惩罚项的特征选择法,使用带惩罚项的基模型筛选出特征同时进行降维。特征学习和特征工程是机器学习的两种一般思路,它们都可以提升原始数据的表达。同样的数据的不同表达,会直接决定后续任务的难易程度,一般来说,特征工程往往在中小数据集上表现良好,而特征学习在大量复杂数据上更有用武之地。当数据量不大且对数据充分理解时,特征工程比较合适。而当数据量较大或者我们的先验理解有限时,可尝试特征学习。不管是特征工程还是特征学习,我们衡量它们作用的标准就是看后续的学习任务是否能够得益于这种表示。

2.2.4　程序设计技术

程序设计技术及其相关的程序设计语言是计算机技术这一庞大复杂的技术体系的重要基石,也是实现人工智能必不可少的基础技能。二者关系密切,但又分处不同的层面。程序设计的核心任务是建立求解问题的思路和方案,包括从问题分析、方案设计、数据结构和算法的选择、编码,到代码的调试、测试等多个环节;程序设计语言则用来编码,即实现程序设计所使用的工具。以下分别以模块化程序设计和 Python 语言为例,简要讲解程序设计与程序设计语言的具体应用。

1. 模块化程序设计

模块化程序设计是指在进行程序设计时把一个大的程序按照功能划分为若干小的程序,每个小的程序完成一个确定的功能,在这些小的程序之间建立必要的联系,互相协作完成整个程序要完成的功能。这些小的程序分为一个主程序和一系列的模块,前者负责所有模块的组合与协调,以实现程序的主要功能,后者负责单一功能的实现。没有模块化设计的程序是极难阅读和改进的,即便程序作者本人,在一段时间后也将难以对程序进行修改。模块化程序设计的一般步骤如下:

1) 定义问题。把所要解决的问题划分成输入、输出和处理 3 个部分。处理部分由所要完成的一系列事务构成。

2) 确定组成程序的模块。把事务按组分解成子任务或功能模块以进一步模块化。应记住模块是程序的一部分,它主要执行单独的功能。注意并不是所有的模块都可以在此阶段确定下来,只有程序结构图的第一级模块可在这时确定,其余的更多从属模块要在以后的工作中确定。

3)绘出程序结构图。其主要用来清楚地描绘模块及模块之间的相互关系。程序的结构一经确定,就可以考虑各个模块的处理次序问题,还可以在这一步考虑模块间通信及参数调用问题。

4)用流程图等算法表示方法确定主程序的逻辑结构。主程序除了应该包括循环前的最初处理、循环内的处理,以及退出循环后的最终处理外,还应该包括对程序主要处理模块的调用,以及程序自身要容易阅读、容易理解等。

5)为程序结构图中每个模块编写算法。当程序结构图中最底层模块的算法开发完毕时,也就完成了整个程序设计模块化过程。

6)审查整个算法。首先检查主控模块,然后依次检查每个从属模块,直到没有任何逻辑错误为止。

用模块化的方法设计程序,其过程犹如搭积木,选择不同的积木块和搭建方法,就可以得到不同的造型。同样,选择不同的程序块或程序模块的不同组合就可以完成不同的系统架构和功能,这样不仅能丰富程序的功能,也能提高代码的可维护性和可重用性。代码的可重用性体现在,当编写好一个模块后,只要编程过程中需要用到该模块中的某个功能(由变量、函数、类实现),无需做重复性的编写工作,直接在程序中导入该模块即可使用该功能。

2. Python 语言简介

程序设计语言与开发工具是人工智能实践应用的平台。在众多程序设计语言中,Python是当下人工智能最为热门的程序语言之一。Python 是一种面向对象的解释型的计算机程序设计语言,在人工智能领域,相较于其他语言最显著的优势在于:①语法简单,非常贴近人类语言;②开源,即开放软件的源代码。因其动态便捷性和灵活的三方扩展,Python 被称为是"最接近人工智能的语言"。在执行程序前,需要通过解释器将 Python 代码翻译为计算机能直接处理的机器指令语言。当前主流的 Python 解释器分别是 Pycharm 和 VS Code,它们提供了编辑器的功能,可以在工具中编写、调试和运行代码。

3. 基于 Python 语言的模块化程序设计案例

下面通过 Python 语言开发一个简单的面积计算器程序,一步一步地按模块化程序设计方法进行设计。

1)定义问题。设计一个面积计算程序,基本功能包括:输入形状和参数,计算长方形、正方形、平行四边形、三角形的面积。

2)确定组成程序的模块。按照功能划分,面积计算器程序共有 5 个模块文件:主模块文件 main. py、计算长方形面积的模块文件 rectangle. py、计算正方形面积的模块文件 square. py、计算平行四边形面积的模块文件 paraller. py、计算三角形面积的模块文件 triangle. py。

3)绘出程序结构图,如图 2.10 所示。

4)用流程图表示主程序的逻辑结构,如图 2.11 所示。程序的具体流程为:①程序输出提示信息,要求选择状态,或者输入 quit 退出程序;②选择状态,程序调用状态对应的模块来计算几何图形的面积;③面积计算完成,程序再次进入选择状态;④直到输入 quit,退出程序。

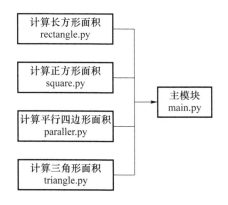

图 2.10　程序结构图

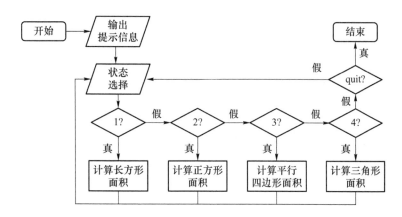

图 2.11　流程图

5) 程序图中各模块的 Python 代码如下:

① main. py(主程序应有合理的逻辑结构,且易于阅读):

```
# 功能描述:面积计算器主程序代码
# 导入模块
import rectangle as rect
import square as sq
import paraller as pa
import triangle as tr
#程序入口
if __name__ == '__main__':
    while(True):            #输出提示信息
        print("------欢迎使用面积计算器------\n")
        print("按下数字 1 键:计算长方形面积\n")
        print("按下数字 2 键:计算正方形面积\n")
        print("按下数字 3 键:计算平行四边形面积\n")
```

```
        print("按下数字 4 键:计算三角形面积\n")
        print("输入 quit,退出程序\n")
    #获取输入
    num = input("请输入:")
    if num == "1":              #输入数字 1
        print("长方形的面积为:" + str(rect.area()))
    elif num == "2":            #输入数字 2
        print("正方形的面积为:" + str(sq.area()))
    elif num == "3":            #输入数字 3
        print("平行四边形的面积为:" + str(pa.area()))
    elif num == "4":            #输入数字 4
        print("三角形的面积为:" + str(tr.area()))
    elif num == "quit":         #输入 quit
        break
```

② rectangle. py(计算长方形面积。其余图形面积计算程序与此类似,故省略。模块只能有一个入口、一个出口和一个从上至下的语句顺序):

```
# 功能描述:计算长方形的面积
# 定义函数 area
def area():
while(True):
    a = input("请输入长方形的长(整数):")            # 输出提示信息
    if a.isdigit():                                # 判断 a 是否是整数或小数
        b = input("请输入长方形的宽(整数):")        # 输出提示信息
        if b.isdigit():
            S = int(a) * int(b)
            return S
else:
    print("输入错误,请重新输入")                     # 提示输入错误
```

6) 代码的审查和解读。经调试后,代码得以成功运行。需要注意的是,在主程序中,当调用模块中的 area() 函数时,使用的语法格式为"模块名. 函数",这是因为,相对于 main. py 文件,rectangle. py 文件中的代码自成一个命名空间,因此在调用其他模块中的函数时,需要明确指明函数的出处,否则 Python 解释器将会报错。

在计算机程序设计领域,程序设计的方法和技术相比程序语言来说更为重要、更为基础、更为本质,也更为复杂。它所涉及的是独立于具体程序设计语言的系统化的程序设计思路和方法。因此,在学习过程中需要重点关注的是如何运用程序语言(如 Python 等)进行程序设计,而不仅仅是记住语言的语法、语义或个别语句的细节。换个角度讲,只有在程序设计的背景下、在相关程序段落的上下文中才能逐渐深入地领悟程序语言的精髓,理解和把握程序语言的细节。总之,扎实的程序设计方法和语言技能是计算机技术的重要基础,也是人工智能在算法层面上得以实现的前提。

2.3　总　结

本节将以思维导图的方式总结本章的知识点,如图 2.12 所示。本章带领读者走进人工智能的三大主要学派,简要介绍了符号主义、联结主义、行为主义的发展,并介绍了代表人物及其代表算法;本章还对开展人工智能研究的基础知识与技能进行了概要,包括了问题处理范式、数学基础、数据处理及程序设计技术相关的知识与技能,为读者正式进入人工智能学习与实践做准备。

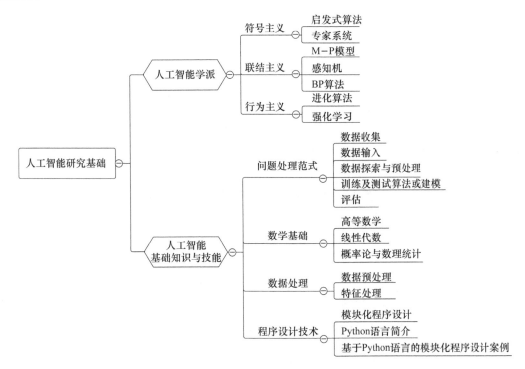

图 2.12　本章内容总结

第 3 章　线性回归——座舱可达性边界预测

在现实生活中,我们经常遇到做数值预测的情况,例如基于房子的大小、地理位置对出售房价进行预测,基于天气、交通管制程度预测航班的延误时间,基于人的身高、臂长预测人手的可达域距离等。这些示例都具有以下共同的特点:①预测量与自变量间存在一定的关系;②具备一些历史数据来探索规律;③可以基于过去的经验进行需要的预测。这类问题在数学上的处理称为线性回归,即利用数理统计中的回归分析确定两种或两种以上变量间相互依赖的定量关系。

在飞机驾驶舱的设计中,同样存在很多利用历史数据进行预测新数值的问题。其中,座舱可达性边界预测利用人的身体尺寸数据获得人的可达域边界,可以说是线性回归在航空航天领域应用的一个典型案例。本章将结合飞机座舱可达性边界预测实例,介绍线性回归的理论,以及线性回归理论在实例中的应用情况。

3.1　飞机座舱可达性边界预测背景

在工效分析领域,"可达域"是一个重要的话题。

从"人"的角度来讲,"可达域"指人在一定姿态下,上肢触碰、捏或抓所能够触及的最大空间。出于研究目的的不同,可达域又可分为自然可达域、最大可达域和极限可达域。诸多学者在文献中指出:"可达设计"不合理将引起肌肉损伤,从而造成人员健康状态与工作绩效低下的问题。例如,Alicia L. Nadon 于 2016 年指出,肌肉受损是体力劳动中很常见的问题,在工作空间设计时需要考虑到这些关节的运动。因此在工作空间的设计中,尤其需要注意获得正确的"可达域"大小。

目前,"可达域"常见的获得方式可以分为以下 3 类:实际测量、数字人体模型仿真、回归模型。其中,实际测量指的是对特定的某位被试者进行空间指引,记录其指尖在空间中的坐标信息,又可分为:手动读数法、电位计离散点记录法、光学运动捕捉法。实际测量法能够得到被试者准确的可达信息,但由于具有设备的成本要求,而且需要进行真人实验,因此耗时费力。数字人体模型仿真法指的是在计算机软件中建立人体模型,以此数字图像代表真人,通过软件设置的函数映射关系及关节与骨骼运动的模拟,进行可达域包络面的模拟。"可达"是很多数字人体模型都具有的分析功能,且这种数字人体模型往往能与许多建模软件配合使用,允许工程师或科研人员在较短的时间内完成人机交互的分析,大大提高工作效率,因此在工效研究中越发流行。然而,由于其可达域的函数为软件公司设置且不可修正,因此使用过程的精确度受软件公司限制。回归模型分析指的是基于大量的人体可达域数据样本,输入对应的自变量数据,通过映射关系建立函数模型,此后输入对应的自变量数据,得到需要的可达域数据。这种方式要求找到影响可达域的合适的自变量,并进行大量的样本实验才能够得到一个准确的模型。

人的可达域受多种因素影响,例如:Mathien Delangle 指出,人体尺寸相关的肩高、肩宽、手臂长、身高,年龄,性别,关节的灵活度,肌肉强度能对可达域造成影响。Elodie Chateauroux

指出,年龄、性别、目标位置能够对可达域造成影响。Matthew P. Reed 指出,肩膀、躯干是影响可达域的重要部位,身体平衡、骨盆运动的灵活性也是重要因素。Matthew B. Parkinson 指出,可达能力受限于:身体尺寸、关节运动范围、平衡、任务强度与触及动机。D N Behara 和 Biman Das 指出,男性可达域主要受:①臂长度;②腘高度;③放松状态下的眼高;④身高;⑤前臂-指尖度;⑥大腿间隙的影响。女性可达域主要受:①臂长度;②身高;③肩高;④slump 眼高;⑤slump 肩高;⑥大腿间隙的影响。Heather A. Johnston 将影响因素分为内因和外因,其中外因指触及时的场合及外部约束;内因指姿势,年龄,性别,肩关节、肩胛胸关节、肘关节、手腕关节等关节运动以及某些退行性疾病,神经操控。

可达域影响因素如表 3.1 所列。

表 3.1 可达域影响因素

序 号	影响因素		
1	人体尺寸相关		
	1.1 肩高、肩宽、手臂长、身高		
	男性	①臂长度;②腘高度;③放松状态下的眼高;④身高;⑤前臂-指尖度;⑥大腿间隙	
	女性	①臂长度;②身高;③肩高;④slump 眼高;⑤slump 肩高;⑥大腿间隙	
	1.2 肩膀、肘关节、躯干、骨盆关节的灵活度		
	1.3 平衡		
	1.4 肌肉强度		
2	姿势		
3	年龄		
4	性别		
5	目标位置、使用场合		

从"机"的角度来讲,在座舱设计的过程中需要设定可达性边界,例如我国 GJB 35A 明确指出:可达第一区中应布置在完全受约束的飞行阶段中飞行员需要频繁操作和应急操纵的操纵机构,可达第二区中应布置除弹射救生系统外的其他应急操纵机构。

从以上分析中可以看出,可达域作为人的生理特性数据,可在座舱设计工程中转化为设计考虑的可达性边界,从而作为座舱中关键部件布局的重要约束。

因此,本章将以可达域的回归模型获得方法为背景,在介绍线性回归理论后,结合具体的数据讲述线性回归在座舱可达性边界预测中的应用。

3.2 线性回归理论

线性回归是利用数理统计中回归分析来确定两种或两种以上变量间相互依赖的定量关系的一种统计分析方法,运用十分广泛。本节将介绍线性回归在人工智能研究中涉及的概念、目标函数与代价函数、模型的求解算法、模型算法的调试及模型的修正。

3.2.1 线性回归概念

在任何一个回归问题中,都必须至少具备以下 3 个要素:目标变量、特征、训练样本。目标变量,通常也称为因变量,指的是研究关注的预测对象。特征,通常也称为自变量,指的是起预测作用的信息。训练样本即提供目标变量值、特征值的历史数据。

在本章中,目标变量用 y 表示,特征用 x 表示,特征数量为 n;训练样本用 (x,y) 表示,训练样本的数量用 m 表示。线性回归概念符号及含义如表3.2所列。

表3.2 线性回归概念符号及含义

名　称	符　号	含　义
特征	$x=x_1,x_2,\cdots,x_n$	每组样本中有 n 个用于预测的特征(自变量)
特征数量	n	
目标变量	y	每组样本中需要预测的目标变量(因变量)
训练样本信息	$(x_1,\cdots,x_n;y_1)/(x;y)$	每组样本中的 n 个特征及目标变量共同构成的数据信息
第 i 个训练样本的训练信息	$(x_1^{(i)},\cdots,x_n^{(i)};y^{(i)})/(x^{(i)};y^{(i)})$	
训练样本数量	m	共有 m 组样本信息数据可用于模型参数的估计

3.2.2 目标函数与代价函数

目标函数,通常也称为假设函数,指的是用于预测的数学模型,在线性回归中,采用特征的线性组合作为预测模型。通常用 $h(x)$ 表示目标函数,用 θ 表示模型的参数。

目标函数可使用公式表示,也可使用矩阵表示,如表3.3和表3.4所列。

表3.3 线性回归模型目标函数及模型参数表示

名　称	符　号
目标函数	$h(x)$ $h(x)=\theta_0+\theta_1 x_1+\theta_2 x_2+\cdots+\theta_n x_n$
对应第 i 个样本的预测值	$h(x^{(i)})=\theta_0+\theta_1 x_1^{(i)}+\theta_2 x_2^{(i)}+\cdots+\theta_n x_n^{(i)}$
模型参数	$\theta=(\theta_0,\theta_1,\theta_2,\cdots,\theta_n)^T$

表3.4 线性回归模型矩阵表示

名　称	符　号	备　注
引入特征	$x_0=1$	对应任意的样本,x_0 始终为1
用于矩阵表示时的特征变量向量	$X=(x_0,x_1,x_2,\cdots,x_n)^T$	n 行
设计矩阵	$X=\begin{bmatrix} x_0 & x_1^{(1)} & \cdots & x_n^{(1)} \\ \vdots & \vdots & & \vdots \\ x_0 & x_1^{(m)} & \cdots & x_n^{(m)} \end{bmatrix}$ $X=\begin{bmatrix} 1 & x_1^{(1)} & \cdots & x_n^{(1)} \\ \vdots & \vdots & & \vdots \\ 1 & x_1^{(m)} & \cdots & x_n^{(m)} \end{bmatrix}$	添加引入特征,且将样本整合在一个矩阵中,为 m 行,$(n+1)$ 列
目标变量向量	$y=(y^{(1)},y^{(2)},\cdots,y^{(m)})^T$	m 行
目标函数的矩阵表示	$h(x)=X\theta^T$	—

在线性回归模型的拟合过程中,通过寻找合适的模型参数使线性回归模型能够反映数据间的规律,由于线性回归的预测模型与样本数据中目标变量的数值可能存在误差,因此定义代价函数以表示线性回归模型与实际值的差距。

代价函数可理解为目标函数得到的预测值与实际的目标变量值的距离,即 $\|h(\boldsymbol{x}),\boldsymbol{y}\|$。在线性回归模型中,通常使用误差平方距离来表示差距,即 $[h(\boldsymbol{x})-y]^2$;对于第 i 个样本而言,线性回归模型处理后的差距为 $[\theta_0+\theta_1 x_1^{(i)}+\theta_2 x_2^{(i)}+\cdots+\theta_n x_n^{(i)}-y^{(i)}]^2$。对于模型而言,通常采用 $J(\boldsymbol{\theta})=\dfrac{1}{2m}\sum\limits_{i=1}^{m}[h(\boldsymbol{x}^{(i)})-y^{(i)}]^2$ 作为模型的代价函数,之所以采用 $\dfrac{1}{m}$ 的平均数处理是为了减少模型由于样本数量造成的误差累积,而采用 $\dfrac{1}{2}$ 的目的是数学计算方便,在后续内容中读者可体会到。

3.2.3　线性回归模型求解算法

在应用线性回归模型进行预测时,首先构建了目标函数为 $h(\boldsymbol{x})=\theta_0+\theta_1 x_1+\theta_2 x_2+\cdots+\theta_n x_n$,即特征 $\boldsymbol{x}=x_1,x_2,\cdots,x_n$ 的线性组合,在模型中需要进行参数 $\boldsymbol{\theta}=(\theta_0,\theta_1,\theta_2,\cdots,\theta_n)^{\mathrm{T}}$ 的估计,从而使目标函数 $h(\boldsymbol{x})$ 尽可能地反映出特征与目标变量间的数据规律。由于模型可能存在一定误差,因此定义了代价函数 $J(\boldsymbol{\theta})=\dfrac{1}{2m}\sum\limits_{i=1}^{m}[h(\boldsymbol{x}^{(i)})-y^{(i)}]^2$,代价函数 $J(\boldsymbol{\theta})$ 的取值越小,代表模型反映的估计能力越强。因此,在线性回归模型中,问题导向为:寻找合适的参数 $\boldsymbol{\theta}=(\theta_0,\theta_1,\theta_2,\cdots,\theta_n)^{\mathrm{T}}$ 的估计值,使代价函数 $J(\boldsymbol{\theta})$ 的取值尽可能小。

对于 $J(\boldsymbol{\theta})=\dfrac{1}{2m}\sum\limits_{i=1}^{m}[h(\boldsymbol{x}^{(i)})-y^{(i)}]^2$,寻找 $\boldsymbol{\theta}=(\theta_0,\theta_1,\theta_2,\cdots,\theta_n)^{\mathrm{T}}$,由于参数 $\boldsymbol{\theta}$ 没有定义域的约束,因此问题在于求解 $J(\boldsymbol{\theta})$ 的最小值。

求 $J(\boldsymbol{\theta})$ 最小值对应的 $\boldsymbol{\theta}$ 解,相当于求 $\nabla_{\theta}J(\boldsymbol{\theta})=0$ 时的 $\boldsymbol{\theta}$,其有效的一种计算方法为梯度下降法。以二元线性回归模型为例,梯度下降法的解算与原理如下:

$h(\boldsymbol{x})=\theta_0+\theta_1 x_1+\theta_2 x_2$,则

$$J(\boldsymbol{\theta})=\frac{1}{2m}\sum_{i=1}^{m}[h(\boldsymbol{x}^{(i)})-y^{(i)}]^2$$
$$=\frac{1}{2m}\sum_{i=1}^{m}[(\theta_0+\theta_1 x_1^{(i)}+\theta_2 x_2^{(i)})-y^{(i)}]^2$$

从而,

$$\frac{\partial J(\boldsymbol{\theta})}{\partial \theta_0}=\frac{1}{m}\sum_{i=1}^{m}[(\theta_0+\theta_1 x_1^{(i)}+\theta_2 x_2^{(i)})-y^{(i)}]$$

$$\frac{\partial J(\boldsymbol{\theta})}{\partial \theta_1}=\frac{1}{m}\sum_{i=1}^{m}\{[(\theta_0+\theta_1 x_1^{(i)}+\theta_2 x_2^{(i)})-y^{(i)}]*x_1^{(i)}\}$$

$$\frac{\partial J(\boldsymbol{\theta})}{\partial \theta_2}=\frac{1}{m}\sum_{i=1}^{m}\{[(\theta_0+\theta_1 x_1^{(i)}+\theta_2 x_2^{(i)})-y^{(i)}]*x_2^{(i)}\}$$

从高等数学的知识中我们已知,偏导数表示函数值在该方向上具有最大差异。因此我们可以想象,寻找 $J(\boldsymbol{\theta})$ 最小值的过程,实际上就是在给定初始参数值的情况下,始终以梯度方向

为依据,寻找满足最小值的参数。

为了便于可视化,此部分我们以待估参数为(θ_0,θ_1)两个参数的模型进行示意说明。

$$J(\boldsymbol{\theta}) = \frac{1}{2m}\sum_{i=1}^{m}\left[(\theta_0 + \theta_1\,x_1^{(i)}) - y^{(i)}\right]^2$$

式中:$J(\boldsymbol{\theta})$是一个关于(θ_0,θ_1)两个参数的二次模型,因此取值上的表现如图3.1所示。

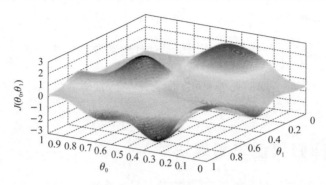

图3.1　代价函数取值图

为了找到代价函数最小时对应的参数(θ_0,θ_1),首先任意给定初始值$(\theta_0,\theta_1)^0$,接着应该寻找代价函数$J(\boldsymbol{\theta})$在$(\theta_0,\theta_1)^0$点处的梯度方向,即梯度向量$\left(\dfrac{\partial J(\boldsymbol{\theta})}{\partial\theta_0},\dfrac{\partial J(\boldsymbol{\theta})}{\partial\theta_1}\right)^0$,当梯度向量中的数值为正数时,说明当$\theta_0^0$增加一定数值时,$J(\boldsymbol{\theta})$也将增加一定数值。这与寻找最小值的方向正好相反,因此应该沿着梯度的反方向继续计算,即应该$\theta_0^1 = \theta_0^0 - \alpha\dfrac{\partial J(\boldsymbol{\theta})}{\partial\theta_0}$,其中$\alpha$表示沿该方向移动的距离大小,在机器学习中命名为学习率。值得注意的是,参数的更新是同步的,因为更新方向为上一次运算时$J(\boldsymbol{\theta})$在θ_0,θ_1分别取值为$(\theta_0,\theta_1)^0$的梯度。同时运算可表示如下:

$$\text{temp0} = \theta_0 - \alpha\frac{\partial J(\boldsymbol{\theta})}{\partial\theta_0}$$

$$\text{temp1} = \theta_1 - \alpha\frac{\partial J(\boldsymbol{\theta})}{\partial\theta_1}$$

$$\theta_0 = \text{temp0}$$

$$\theta_1 = \text{temp1}$$

随着迭代次数的运行,梯度向量越来越接近0,可说明参数的选择使代价函数$J(\boldsymbol{\theta})$越来越接近极小值。代价函数与迭代次数可绘制图像如图3.2所示,该图说明随着迭代次数的增加,代价函数的取值逐渐减小,并趋于收敛至一个稳定的最小水平。

为帮助读者更好地理解梯度下降法,此处以求函数$y = \dfrac{1}{2}\theta^2 - 2\theta$的极小值为例,应用梯度下降法进行求解的过程运算如下:

设$\alpha = 0.9,\varepsilon = 0.01,\theta_0 = -4$;

计算导数:$\dfrac{\mathrm{d}y}{\mathrm{d}\theta} = \theta - 2$。

第一次迭代:

计算当前的导数值:$y' = -6$。

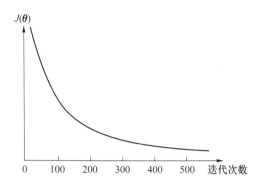

图 3.2　代价函数随迭代次数推进的变化图

修改当前参数：

$$\theta' = \theta - \alpha \frac{\mathrm{d}y}{\mathrm{d}\theta} = -4 - 0.9 \times (-6) = 1.4;$$

$$\Delta\theta = -0.9 \times (-6) = 5.4_{\circ}$$

第二次迭代：

计算当前的导数值：$y' = -0.6$。

修改当前参数：

$$\theta' = \theta - \alpha \frac{\mathrm{d}y}{\mathrm{d}\theta} = 1.4 - 0.9 \times (-0.6) = 1.94;$$

$$\Delta\theta = -0.9 \times (-0.6) = 0.54_{\circ}$$

第三次迭代：

计算当前的导数值：$y' = -0.06$。

修改当前参数：

$$\theta' = \theta - \alpha \frac{\mathrm{d}y}{\mathrm{d}\theta} = 1.94 - 0.9 \times (-0.06) = 1.994;$$

$$\Delta\theta = -0.9 \times (-0.06) = 0.054_{\circ}$$

第四次迭代：

计算当前的导数值：$y' = -0.006$。

修改当前参数：

$$\theta' = \theta - \alpha \frac{\mathrm{d}y}{\mathrm{d}\theta} = 1.994 - 0.9 \times (-0.006) = 1.9994;$$

$$\Delta\theta = -0.9 \times (-0.006) = 0.0054 < \varepsilon_{\circ}$$

此时变化率满足终止条件，终止。

3.2.4　模型算法调试

在梯度下降法中，影响寻找最小值的因素包括：初始值 θ^0 的选择、学习率 α 的选择及特征数值间的量级差距。

由于梯度下降法在处理时考虑的是局部梯度，因此当初始值选择在靠近局部极小值位置附近时，在结果中收敛到的也是局部极小值，不是全局最小。面对这种情况，通常会选择多尝试几组不同的初始值,查看收敛后的代价函数 $J(\theta)$ 的取值曲线及值,选择其中相对应的最小的一组参数。

学习率 α 主要影响的是代价函数的收敛情况。学习率 α 取值大,说明每一次迭代时,参数的变化量大,这样容易导致在参数取值时越过最小值对应的参数;学习率 α 取值小,说明每一次迭代时,参数的变化量小,这样能够保证收敛,但由于每次靠近极小值的步伐小,因此收敛次数多。在实际操作中,可以考虑按照 10 倍或者 3 倍的方式调整学习率 α 的大小,找到能够收敛且收敛速度不太慢的学习率 α,例如取值依次为:0.001,0.003,0.01,0.03,0.1,0.3,1 等。

在实际应用中,特征往往代表不同的含义,因此数值在量级上可能有很大的差异。在可达域的案例中,取值分别为 30、170、60 左右,量级上的差别不大,但在其他案例中可能有的特征取值在 0.1 左右,有的取值在 1 000 左右,相差了 10^4 量级。当特征间的量级差距大时,通常导致代价函数收敛效果不佳,常用的做法为归一化数据,使各个特征落在相同的取值空间中。归一化可采用:$\dfrac{x-\bar{x}}{\mathrm{std}(x)}$ 或 $\dfrac{x-\bar{x}}{\mathrm{range}(x)}$,其中 $\mathrm{std}(x)$ 表示特征的标准差,$\mathrm{range}(x)$ 表示特征的极差,这两种方式都能使特征的取值范围相近。最后要指出的是:特征缩放其实并不需要太精确,其目的只是为了让梯度下降能够运行得更快一点,让梯度下降收敛所需的循环次数更少一些而已。

3.2.5 模型修正

实际上,通过选择恰当的模型参数,在模型结果收敛的情况下,还存在欠拟合与过拟合的状况,这两类情况可统称为模型的泛化能力差。泛化能力又称推广能力,是机器学习中衡量学习机性能好坏的一个重要指标,指经过训练得到的模型对未来新加入的样本(即测试样本)数据进行正确预测的能力。为了形象说明欠拟合与过拟合的含义,本小节以单变量线性回归为例进行说明。

1. 欠拟合及其处理

所谓欠拟合,就是模型没有很好地捕捉到数据特征,不能很好地拟合数据。例如图 3.3 所示,数据表现为曲线,当仅使用 $h(x)=\theta_0+\theta_1 x_1$ 进行拟合的时候,模型的表征能力不强。

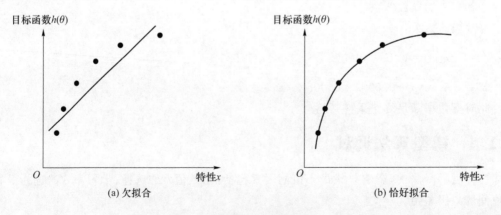

图 3.3 欠拟合与恰好拟合

通常的处理方法有两种：①添加其他特征项，即目标变量除了受当前特征的影响外，还有别的特征会影响模型的预测能力；②添加多项式特征，即添加如 x_1^2、$x_1 x_2$、$\sqrt{x_1}$ 等多次项，从中也可看出，线性回归并非只能拟合数据间的直线关系，通过构造合适的特征，同样可以将曲线关系进行建模。

2. 过拟合及其处理

过拟合就是模型把数据学习得太彻底，以至于把噪声数据的特征也学习到了，这样就会导致在后期测试的时候不能够很好地识别数据，即不能正确地分类，模型泛化能力差，如图 3.4 所示。

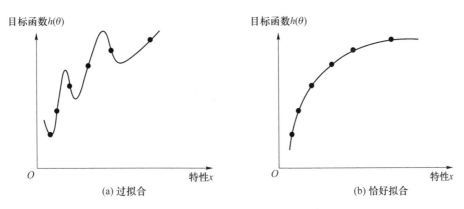

图 3.4　过拟合与恰好拟合

应对过拟合，常见的解决方法有 3 种。

① 重新清洗数据。导致过拟合的一个原因也有可能是由于数据不纯导致的，如果出现了过拟合就需要我们重新清洗数据。

② 增大数据的训练量。用于训练的数据量太小导致无法很好地反映数据的规律，因此需要尽可能多地添加训练样本量。

③ 采用正则化方法。在代价函数中增加修正项。例如最常见的 L2 岭回归，对应的代价函数表示为 $J(\boldsymbol{\theta}) = \dfrac{1}{2m}\left\{\sum\limits_{i=1}^{m}\left[h(\boldsymbol{x}^{(i)}) - y^{(i)}\right]^2 + \lambda\sum\limits_{j=1}^{n}\theta_j^2\right\}$。$\lambda$ 称为正则化参数，是一个人为选定的常数值。当 λ 趋于无穷大时，使各特征对应的参数值小，从而自变量之间的共线性对因变量的影响几乎不存在，模型的数据拟合平滑、泛化能力增强。

值得注意的是，参数的修正项不包括 θ_0，因此在线性回归中，使用梯度下降法进行正则化处理后，各参数的迭代如下：

$$\theta_0 = \theta_0 - \alpha\frac{1}{m}\sum_{i=1}^{m}\left\{\left[h(\boldsymbol{x}^{(i)}) - y^{(i)}\right]x_0^{(i)}\right\}$$

$$\theta_j = \theta_j - \alpha\left[\frac{1}{m}\sum_{i=1}^{m}\left\{\left[h(\boldsymbol{x}^{(i)}) - y^{(i)}\right]x_j^{(i)}\right\} + \frac{\lambda}{m}\theta_j\right] \quad (j = 1, 2, 3, \cdots, n)$$

即

$$\theta_j = \theta_j \left(1 - \alpha \frac{\lambda}{m}\right) - \alpha \frac{1}{m} \sum_{i=1}^{m} \left[h_\theta(\boldsymbol{x}^{(i)}) - y^{(i)}\right] x_j^{(i)} \quad (j = 1, 2, 3, \cdots, n)$$

可以看出,参数θ_j在每一次迭代更新时都在上一次的基础上乘以了一个小于1的系数$\left(1 - \alpha \frac{\lambda}{m}\right)$,所以能够保证$\theta_j$在数值上尽可能地小。

正则化方法除了L2岭回归外,还有L1套索回归,与L2修正项目取参数的平方不同,套索回归中的修正项目为L1范数,即参数的绝对值。L1套索回归的代价函数表示如下:

$$J(\boldsymbol{\theta}) = \frac{1}{2m} \left\{ \sum_{i=1}^{m} \left[h(\boldsymbol{x}^{(i)}) - y^{(i)}\right]^2 + \lambda \sum_{j=1}^{n} |\theta_j| \right\}$$

至此便介绍完线性回归的基本理论,下面将结合飞机座舱可达性边界预测案例展开上述知识在实际中的应用。

3.3　飞机座舱可达性边界预测案例

前面完成了线性回归的理论介绍,接下来的内容中将以飞机座舱可达性边界预测案例中的一个预测点作为目标,详细说明线性回归的概念、目标函数与代价函数在案例中的表征,并结合 Python 进行程序的解算与验证。本节将列出关键部分的 Python 代码以更好地帮助读者学习、吸收。

3.3.1　飞机座舱可达性边界预测案例分析

研究指出,人体站姿上肢可达域受肩宽和身高的影响,通常而言,肩宽越大,可达域越大,身高越高,可达域也越大。本小节中关于座舱可达性边界预测数据将取被试肩平面下方10 cm、身体矢状轴往右 60°方向、右手的自然可达域作为可达域值进行案例研究,如图 3.5 所示。

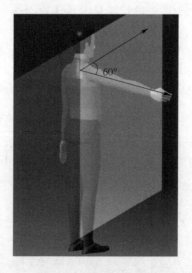

图 3.5　目标值示例图

因此,案例中的目标变量为:可达域距离;特征为:肩宽、身高;目标函数为:利用肩宽、身高数据获得相应可达域距离预测的线性回归模型。结合实际数据,用符号对上述关系进行表述如表 3.5 和表 3.6 所列。

表 3.5　可达域线性回归模型数据

样本编号	特　征		目标变量
	肩宽/cm	身高/cm	可达域/cm
	x_1	x_2	y
1	35.8	165.8	64.48
2	36.8	166.4	65.07
3	36.2	169.5	65.99
4	37.3	168.8	66.14
5	37.8	173.5	68.05
6	38.6	170.8	67.35
7	38.2	176.6	69.34
8	38.4	174.3	68.57
9	38.8	175.6	69.19
10	39.8	178.6	70.66
具有 10 组样本数据可用于模型参数的估计			

表 3.6　可达域线性回归模型目标函数及模型参数表示

概　念	解　释
目标函数	可达域预测值＝肩宽、身高的线性组合 $h(\boldsymbol{x})=\theta_0+\theta_1 x_1+\theta_2 x_2$
模型参数	其中,$\theta_0 \sim \theta_2$ 称为模型参数

3.3.2　基于线性回归的飞机座舱可达性边界预测程序流程

了解了案例的相关数据及目的后,本小节将基于 Python 实现可达性边界预测。从上述学习中我们已知,在应用梯度下降法进行线性回归时,首先需要识别出目标变量、特征、目标函数及代价函数,接着通过使用梯度下降的方式实现模型参数的迭代,通过观察代价函数是否收敛且值是否足够小的方式判断模型的拟合能力。

因此,在 Python 实现中,首先应针对数据进行目标变量、特征的变量命名标记;接着定义目标函数与代价函数,通过迭代的方式进行模型参数的运算;最后通过数据的可视化及代价函数的值输出判断模型拟合能力。

1. 数据的导入

在案例中,需要输入的数据包括 3 个,分别是 data_x1、data_x2 和 data_y,相应的语句如下。由于数据 x1、x2 和 y 在数据量级上有些许差异,且数据的差异不大,在拟合中可能发生无法收敛的情况,因此在数据导入前应首先进行归一化。

本案例中采用 $\dfrac{x-\bar{x}}{\mathrm{range}(x)}$ 的归一化方式,得到归一化后的数据在 Python 中表示如下。需要指出的是,本小节以手动输入数据的方式介绍 Python 中的基本语法,读者可在后面的章节中学习到更多导入数据的方式。

```
data_x1 = [−0.49, −0.24, −0.39, −0.12, 0.01, 0.21, 0.11, 0.16, 0.26, 0.51]
data_x2 = [−0.48, −0.44, −0.19, −0.25, 0.12, −0.09, 0.36, 0.18, 0.28, 0.52]
data_y = [−0.49, −0.39, −0.24, −0.22, 0.09, −0.02, 0.30, 0.17, 0.28, 0.51]
```

2. 变量命名及数据的分配赋值

使用一定的比例将样本数据分为训练部分与测试部分,之所以需要测试部分的样本数据主要在于判断模型是否存在过拟合或欠拟合的情况,划分比例并没有特别的规定,通常采用 70% 与 30% 的分配。

```
x1_train = data_x1[0:7]
x2_train = data_x2[0:7]
y_train = data_y[0:7]
x1_test = data_x1[7:]
x2_test = data_x2[7:]
y_test = data_y[7:]
```

在 Python 中,data_x1[0:7]表示数据的第 0 索引位至第 6 索引位数据被读取,即数据中的 1,2,3,4,5,6,7,其中第 0 位是 Python 中对于数据的索引起始号,不同于数据的起始数为 1。data_x1[7:]表示从第 7 索引位至数据的结束,即 8,9,10,共 3 个数。读者可在 Python 中使用 print(x1_train)及 print(x1_test)感受其中的含义。

3. 梯度下降法的参数迭代

目标函数: $h(\boldsymbol{x}) = \theta_0 + \theta_1 x_1$;

代价函数: $J(\boldsymbol{\theta}) = \dfrac{1}{2m} \sum\limits_{i=1}^{m} [h(\boldsymbol{x}^{(i)}) - y^{(i)}]^2$;

梯度: $\dfrac{\partial J(\boldsymbol{\theta})}{\partial \theta_j} = \dfrac{1}{m} \sum\limits_{i=1}^{m} \left\{ [h(\boldsymbol{x}^{(i)}) - y^{(i)}] x_j^{(i)} \right\}, j = 1, 2$;

模型参数的迭代: $\theta_j = \theta_j - \alpha \dfrac{1}{m} \sum\limits_{i=1}^{m} \left\{ [h(\boldsymbol{x}^{(i)}) - y^{(i)}] x_j^{(i)} \right\}, j = 1, 2$。

在代价函数中我们看到了对训练样本的求和,因此在 Python 中需要用到循环语句以自动遍历所需的数据。这部分推荐的循环语法是"for i in range(m):"的形式,表示 i 将分别取值为 0,1,2,3,4,…,$m-1$,即数值只有取到了 m 才结束本次运算。另外,"+="表示在原数值的基础上加上等号右部分的内容,即"A+=B"表示"A=A+B"。代价函数不仅需要针对训练集,还应计算测试集的表现情况。

```
train_loss = 0
for i in range(m):
    y_hat = theta2 * x2_train[i] + theta1 * x1_train[i] + theta0
    train_loss += 1/(2 * m) * (y_hat - y_train[i]) ** 2

test_loss = 0
for i in range(n_test):
    y_hat = theta2 * x2_test[i] + theta1 * x1_test[i] + theta0
    test_loss += 1/(2 * n_test) * (y_test[i] - y_hat) ** 2
```

参考代价函数的写法,读者可先尝试自己书写梯度下降的代码或先自行理解下述代码。

```
······theta、alpha、ep、delta_theta 变量的初始赋值······
while abs(delta_theta2) > ep or abs(delta_theta1) > ep or abs(delta_theta0)>ep:
    delta_theta0 = 0
    delta_theta1 = 0
    delta_theta2 = 0
    for i in range(m):  # 对样本进行求和
        print(i)
        y_hat = theta2 * x2_train[i] + theta1 * x1_train[i] + theta0
        delta_theta2 += (1/m) * (y_hat - y_train[i]) * (x2_train[i])
        delta_theta1 += (1/m) * (y_hat - y_train[i]) * (x1_train[i])
        delta_theta0 += (1/m) * (y_hat - y_train[i])
    theta2 = theta2 - alpha * delta_theta2
    theta1 = theta1 - alpha * delta_theta1
    theta0 = theta0 - alpha * delta_theta0
```

由于 Python 语法的特点,在使用变量前都应对变量赋初始值,因此在梯度下降中,首先需要对算式中用到的变量进行赋值;接着计算梯度,由梯度及学习率更新参数,通过判断梯度是否接近 0 以结束参数的迭代,整体思路如图 3.6 所示。

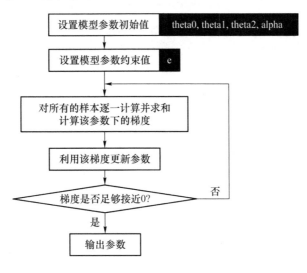

图 3.6　梯度下降法代码框图

4. 结果输出

上述程序完成了数据的导入、计算,最后采用 print 函数将计算的结果输出。

```
print('x1_train:',x1_train)
```

3.3.3　飞机座舱可达性边界预测模型验证

在 3.3.2 小节的程序运行完成后,输出结果如下:

```
x1_train: [−0.49, −0.24, −0.39, −0.12, 0.01, 0.21, 0.11]
x2_train: [−0.48, −0.44, −0.19, −0.25, 0.12, −0.09, 0.36]
y_train: [−0.49, −0.39, −0.24, −0.22, 0.09, −0.02, 0.3]
        x1_test: [0.16, 0.26, 0.51]
        x2_test: [0.18, 0.28, 0.52]
        y_test: [0.17, 0.28, 0.51]
            m: 7
    theta2: 0.7539506039065627
    theta1: 0.2514434799928403
    theta0: −0.0014060541227601164
    train_loss: 3.7300841507267945e−06
    test_loss: 0.2418635920114752
```

结果表示,选用了前 7 组样本数据作为训练集,后 3 组样本数据作为测试集,训练样本数为 7。在运算后,得到的线性回归方程为 $y=-0.0014+0.2514x_1+0.7539x_2$,训练集中的误差为 3.73e−06,而测试集中的误差为 0.241。

为了更直观地对训练模型进行检验,利用回归方程得到的目标函数值及目标值对比如表 3.7 所列。

表 3.7　目标值与目标函数值

目标值	目标函数值	目标值	目标函数值
−0.49	−0.490	−0.02	−0.019
−0.39	−0.392	0.30	0.297
−0.24	−0.247	0.17	0.174
−0.22	−0.219	0.28	0.276
0.09	0.089	0.51	0.516

可以看出,结果的相差甚小。

进一步使用 Python 中的可视化功能,输入下述代码,得到空间点与回归平面,如图 3.7 所示。可见,训练效果较好。

```
import numpy as np
import matplotlib.pyplot as plt

x = np.array([−0.49, −0.24, −0.39, −0.12, 0.01, 0.21, 0.11, 0.16, 0.26, 0.51])
y = np.array([−0.48, −0.44, −0.19, −0.25, 0.12, −0.09, 0.36, 0.18, 0.28, 0.52])
z = np.array([−0.49, −0.39, −0.24, −0.22, 0.09, −0.02, 0.30, 0.17, 0.28, 0.51])

ax = plt.subplot(projection = '3d')          # 创建一个三维的绘图工程
ax.set_title('3d_image_show')                # 设置本图名称
ax.scatter(x, y, z, c = 'r')                 # 绘制数据点 c: 'r'红色, 'y'黄色, 等颜色
ax.set_xlabel('X')     # 设置 x 坐标轴
ax.set_ylabel('Y')     # 设置 y 坐标轴
ax.set_zlabel('Z')     # 设置 z 坐标轴

a = np.linspace(−1, 1, 9)
b = np.linspace(−1, 1, 9)
X, Y = np.meshgrid(a, b)

ax.plot_surface(X,
                Y,
                Z = −0.0014 + 0.2514 * X + 0.7539 * Y,
                color = '
                y',
                alpha = 0.6
                )
plt.show()
```

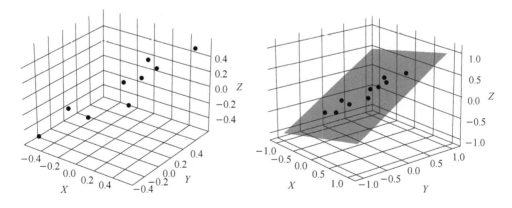

图 3.7 可达域数据及回归模型可视化结果

至此,便完成了模型的训练工作。在实际应用中,往往需要使用的是可达域的真实数据,因此还需要对目标函数值反归一化。

目标值的平均值是 67.48,极差是 6.18,因此反归一化的公式为:归一化值×极差 6.18+平均值 67.48,最终得到的数值如表 3.8 所列。

表 3.8   反归一化后的目标函数值

序　号	可达域预测值	序　号	可达域预测值
1	64.453	6	67.361
2	65.060	7	69.316
3	65.955	8	68.557
4	66.128	9	69.185
5	68.033	10	70.666

3.4　总　结

通过线性回归,很好地解决了座舱可达性边界预测的问题,本节将以思维导图的方式总结本章的知识点,如图 3.8 所示。本章首先介绍了线性回归中的概念,包括:特征、目标变量、训练样本,介绍了其含义及符号表示;接着介绍了线性回归中最重要的两个概念:目标函数与代价函数,基于代价函数的最小化,引出了梯度下降法的公式推演,并以实例进行了梯度下降法的计算;最后介绍了梯度下降法在实际应用过程中的注意事项,分别是参数调整及过拟合与欠拟合的问题。

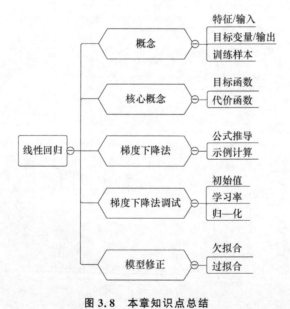

图 3.8　本章知识点总结

3.5　作　业

1. 应用梯度下降法,求函数 $y=\frac{1}{3}\theta^2-3\theta$ 的极小值,请写出运算过程,迭代至少 4 次。

2. 本题的数据来源为:数据附件中的 ch3_linear_data1.txt 文件,其中两列数据分别表示:x,y,每行是一组数据,请用梯度法编程求其回归方程,并画出图(要求对代码进行注释)。

3. 本题的数据来源为：数据附件中的 ch3_linear_data2.txt 文件，其中 3 列数据分别表示：x1，x2，y，每行是一组数据，请用矩阵法编程求其回归方程，并画出图（要求对代码进行注释）。

3.6　知识扩展

上述在介绍求解参数时，主要介绍了梯度下降法中的批量梯度下降法，但实际上还有一些别的算法可以使用，例如矩阵法、梯度下降法中的随机梯度下降法、小批量梯度下降法等，这些算法有各自的优缺点。本节将对上述内容进行简要介绍，并在最后简略介绍其他数值解法与梯度下降法的关系。

1. 矩阵法

求 $J(\boldsymbol{\theta})$ 最小值对应的 $\boldsymbol{\theta}$ 解，相当于求 $\nabla_\theta J(\boldsymbol{\theta})=0$ 时的 $\boldsymbol{\theta}$。

从线性代数中我们可以进行以下推导，获得参数 $\boldsymbol{\theta}$ 的解。

$$\nabla_\theta J(\boldsymbol{\theta})=0$$
$$=\nabla_\theta \frac{1}{2}(\boldsymbol{X\theta}-\boldsymbol{y})^{\mathrm{T}}(\boldsymbol{X\theta}-\boldsymbol{y})$$
$$=\frac{1}{2}\nabla_\theta(\boldsymbol{\theta}^{\mathrm{T}}\boldsymbol{X}^{\mathrm{T}}\boldsymbol{X\theta}-\boldsymbol{\theta}^{\mathrm{T}}\boldsymbol{X}^{\mathrm{T}}\boldsymbol{y}-\boldsymbol{y}^{\mathrm{T}}\boldsymbol{X\theta}+\boldsymbol{y}^{\mathrm{T}}\boldsymbol{y})$$
$$=\frac{1}{2}\nabla_\theta \mathrm{tr}(\boldsymbol{\theta}^{\mathrm{T}}\boldsymbol{X}^{\mathrm{T}}\boldsymbol{X\theta}-\boldsymbol{\theta}^{\mathrm{T}}\boldsymbol{X}^{\mathrm{T}}\boldsymbol{y}-\boldsymbol{y}^{\mathrm{T}}\boldsymbol{X\theta}+\boldsymbol{y}^{\mathrm{T}}\boldsymbol{y})$$
$$=\frac{1}{2}\nabla_\theta(\mathrm{tr}\ \boldsymbol{\theta}^{\mathrm{T}}\boldsymbol{X}^{\mathrm{T}}\boldsymbol{X\theta}-2\mathrm{tr}\ \boldsymbol{y}^{\mathrm{T}}\boldsymbol{X\theta})$$
$$=\frac{1}{2}(\boldsymbol{X}^{\mathrm{T}}\boldsymbol{X\theta}+\boldsymbol{X}^{\mathrm{T}}\boldsymbol{X\theta}-2\boldsymbol{X}^{\mathrm{T}}\boldsymbol{y})$$
$$=\boldsymbol{X}^{\mathrm{T}}\boldsymbol{X\theta}-\boldsymbol{X}^{\mathrm{T}}\boldsymbol{y}$$

从而我们得知，$\boldsymbol{\theta}=(\boldsymbol{X}^{\mathrm{T}}\boldsymbol{X})^{-1}\boldsymbol{X}^{\mathrm{T}}\boldsymbol{y}$。

因此可利用上式进行参数的求解。值得注意的是，这里的 $\boldsymbol{X}$ 是设计矩阵 $\begin{bmatrix} x_0 & x_1^{(1)} & \cdots & x_n^{(1)} \\ \vdots & \vdots & & \vdots \\ x_0 & x_1^{(m)} & \cdots & x_n^{(m)} \end{bmatrix}$，而非特征变量向量 $\boldsymbol{X}$。

例如，对于可达域预测模型而言，所使用的数据分别为

$$\boldsymbol{X}=\begin{bmatrix} 1 & 37.4 & 170.8 \\ 1 & 36.4 & 170.5 \\ 1 & 37.2 & 171.1 \\ 1 & 36.8 & 171.3 \\ 1 & 37.3 & 171.2 \\ 1 & 37.0 & 171.9 \\ 1 & 37.1 & 172.2 \\ 1 & 37.8 & 172.3 \\ 1 & 37.1 & 172.1 \\ 1 & 38.1 & 172.6 \end{bmatrix},\quad \boldsymbol{y}=\begin{bmatrix} 67.13 \\ 67.16 \\ 67.25 \\ 67.37 \\ 67.53 \\ 67.54 \\ 67.57 \\ 67.74 \\ 67.84 \\ 67.87 \end{bmatrix}$$

从中我们可以看出,利用矩阵法能够很快地获得 θ 的理论解,但同时也关注到由于设计矩阵 X 是行为样本数的矩阵,当样本量较大的时候,求解 $(X^TX)^{-1}$ 将具有非常大的数据计算量,即使对于计算机而言也有计算的负担。因此,相关研究人员从数值计算的方式进行求解以解决这个问题。

在矩阵法的计算中,通过计算 $(X^TX)^{-1}X^Ty$ 可以获得理论解,然而从线性代数的知识中我们知道,(X^TX) 仅仅为非奇异矩阵时才可以求逆。在面对实际回归问题时,我们常面临特征间存在相关或特征比样本数量还多的情况,导致 (X^TX) 无法求逆,因此面对无法求逆的情况,需要有特定的操作。

除了在理论分析上删除不必要的特征外,通常还采用正则化的方式进行数学条件上的满足,正则化的处理方法如下:

$$\theta = \left[X^TX + \lambda \begin{bmatrix} 0 & & & & \\ & 1 & & & \\ & & 1 & & \\ & & & \ddots & \\ & & & & 1 \end{bmatrix} \right]^{-1} X^Ty$$

需要指出的是,矩阵法的正则化不仅能够用于解决矩阵无法求逆的情况,还能用于解决过拟合的问题。

2. 梯度下降法的其他解法

在上述梯度下降法的介绍中,采用的实际上是批量梯度下降法,但在实际应用中,研究人员还提出了随机梯度下降法、小批量梯度下降法等。

批量梯度下降法(Batch Gradient Descent),是梯度下降法最常用的形式,具体做法就是在更新参数时使用所有的样本来进行更新,即

$$\theta_i = \theta_i - \alpha \sum_{j=0}^{m} \left[h_\theta(x_0^j, x_1^j, \cdots, x_n^j) - y_i \right] x_i^j$$

假设有 m 个样本,求梯度的时候就用了所有 m 个样本的梯度数据。

随机梯度下降法(Stochastic Gradient Descent),与批量梯度下降法原理类似,区别在于求梯度时没有用所有的 m 个样本的数据,而是仅仅选取一个样本 j 来求梯度。对应的更新公式为

$$\theta_i = \theta_i - \alpha \left[h_\theta(x_0^j, x_1^j, \cdots, x_n^j) - y_i \right] x_i^j$$

随机梯度下降法和批量梯度下降法是两个极端,一个采用所有数据来梯度下降,一个则是采用一个样本来梯度下降,各自的优缺点都非常突出。对于训练速度来说,随机梯度下降法由于每次仅仅采用一个样本来迭代,训练速度很快,而批量梯度下降法在样本量很大的时候,训练速度不能让人满意;对于准确度来说,随机梯度下降法由于仅仅用一个样本决定梯度方向,因此导致解很有可能不是最优;对于收敛速度来说,由于随机梯度下降法一次迭代一个样本,导致迭代方向变化很大,不能很快地收敛到局部最优解。

那么,有没有一个中庸的办法能够结合两种方法的优点呢? 有! 这就是小批量梯度下降法。

小批量梯度下降法(Mini - batch Gradient Descent),是批量梯度下降法和随机梯度下降

法的折中,也就是对于 m 个样本,我们采用 x 个样本来迭代,$1 < x < m$。一般可以取 $x = 10$,当然根据样本的数据,可以调整这个 x 的值。对应的更新公式为

$$\theta_i = \theta_i - \alpha \sum_{j=t}^{t+x-1} \left[h_\theta(x_0^j, x_1^j, \cdots, x_n^j) - y_i \right] x_i^j$$

3. 其他数值解法与梯度下降法的关系

在线性回归问题中,数值解法除了梯度下降法可以用来求解外,最小二乘法、牛顿法/拟牛顿法都同样可用来求解参数。本节中主要阐述这几种方法的关系,关于这 3 种方法的介绍由于篇幅过长,不在本书中详细介绍,感兴趣的读者可自行延伸查阅。

梯度下降法和最小二乘法相比,梯度下降法需要选择步长,而最小二乘法不需要。梯度下降法是迭代求解,最小二乘法是计算解析解。如果样本量不算很大,且存在解析解,最小二乘法比梯度下降法要有优势,计算速度很快;但是如果样本量很大,用最小二乘法由于需要求一个超级大的逆矩阵,这时就很难或者很慢才能求解解析解了,这时使用迭代的梯度下降法比较有优势。

梯度下降法和牛顿法/拟牛顿法相比,两者都是迭代求解,不过梯度下降法是梯度求解,而牛顿法/拟牛顿法是用二阶的海森矩阵的逆矩阵或伪逆矩阵求解。相对而言,使用牛顿法/拟牛顿法收敛更快,但是每次迭代的时间比梯度下降法长。

第4章 逻辑回归——飞行员飞行疲劳预测

在我们的生活中常常会遇到分类问题,比如学生是否录取(录取/不录取)、零件质量是否合格(合格/不合格),在所有这些分类中,我们尝试进行的判断结果 y 都是有两个取值的变量。我们可以用 0 来表示其中一类,用 1 来表示另外一类,逻辑回归(Logistic Regression)就是基于一些特征对样本的类型进行预测,它是一种很好的解决二分类(0 or 1)问题的机器学习方法。当然,它还可以解决多分类问题,例如 y 可以取 1,2,3,4 或者更多的值。与线性回归算法相比(回归算法是要预测一个具体的数值输出),分类算法则是预测离散值的输出。总的来说,逻辑回归用来解决当要预测的变量 y 是一个离散值的情况下的分类问题。逻辑回归算法是当今最流行、使用最广泛的学习算法之一。

在民航领域,飞行员的工作存在着职业性质特殊、任务繁杂、重复性高、飞行执勤时间漫长的特点。这使飞行驾驶成为一项易产生心理生理疲劳的职业。而如何通过疲劳的一些表现来判断飞行员疲劳与否进而判断其是否可以继续担任飞行任务,就是逻辑回归可以解决的问题。

下面将以预测飞行员疲劳与否的二分类问题开始,对逻辑回归算法的基础概念进行讲述,后面再介绍多分类的问题。

4.1 飞行员飞行疲劳预测背景

飞行事故的发生有多种原因。除客观因素外,飞行员疲劳问题也是引发事故的重要因素之一。根据美国国家航空航天局安全委员会的报告,在已经公布的飞行事故中,大约有 21% 的事故都直接与飞行疲劳有关。发生飞行事故的时间一般在凌晨,间接由疲劳引起的飞行事故则更多。重视飞行疲劳是安全飞行不容忽视的一环。例如骇人听闻的科尔根航空公司 3407 号班机事故,2009 年 2 月 12 日晚上 10 时 11 分,科尔根航空公司 3407 号班机在飞往水牛城途中坠毁,机上无人生还。这次飞机失事共造成 50 人死亡,而事故亦是自 2006 年 8 月 27 日后,首宗发生于美国境内的商业客机致命空难。美国国家运输安全委员会(NTSB)的调查人员指出,驾驶人员在驾驶过程中处于疲劳状态,这使他们的飞行表现变差。肇事客机在飞至接近布法罗机场时,速度逐渐减至失速速度,由于两个人过度疲劳,机长本应让自动安全系统自行启动,以避免客机失速,但伦斯洛反而在抖杆器被触发时拉动操控杆,人为干扰自动安全系统,引致客机失速并且坠落,因速度不够无法爬升,并剧烈颠簸甚至翻转,最终失事坠毁。其实事情原本还能补救,但副机长在努力帮助机长重新控制飞机时弄巧成拙,收起了襟翼,在飞机迫切想获得升力时再次减小升力,最终导致飞机失控,撞在长街 603 号的一幢房子上。

国际民航组织把机组人员疲劳定义为:

起因:一种因睡眠不足或长期处于觉醒状态,生理周期内记忆工作负担重等。

结果:能够削弱机组人员的警觉性及其安全操作飞机或履行与安全相关的职责的能力。

近年来,中国民航运输量持续快速增长,民航一线人员尤其是飞行员工作负荷持续增加,导致疲劳现象十分普遍。对飞行人员而言,疲劳是极其危险的,一旦产生疲劳就会影响飞行员的判断,进而无法保障飞行的安全。飞行员疲劳表现为注意力下降,动作迟缓,容易错漏动作。对于飞行员来说,主观上会感觉出现倦怠无力感,并可能伴随头痛、晕眩、全身酸痛等症状。如果飞行员感受到飞行疲劳症状,则应及时安排休息,一旦加剧,会发展为过疲劳。当疲劳积累到一定程度时,还会发生不可控的睡眠。据中国民航飞行员协会调查,有 30% 的人经常在航班运行过程中因疲劳出现无意识地小睡,有 50% 的人是偶尔。在疲劳发生时,飞行人员会在生理、心理以及情绪上进行体现。飞行员产生疲劳的特征有很多,例如:眼睛闭合的频率和持续时间在某种程度上可以反映疲劳的状态,眼睛闭合的频率以及闭合时间的长短与疲劳有密切联系,如何利用合理的方法通过过往观测到的生理特征与疲劳与否的对应关系历史数据来判断一个飞行员是否处于疲劳状态,是一件十分有意义的事。

基于飞行员的生理特征判断其疲劳状态,可使用逻辑回归的方法进行分类,本章接下来的部分将首先介绍逻辑回归理论,然后结合具体的数据讲述逻辑回归在飞行员飞行疲劳预测中的应用。

4.2 逻辑回归理论

在本节中,读者将了解到逻辑回归是怎样解决分类问题的,首先明确逻辑回归算法的分类依据——用某件事物的"可能性"来作为分类依据,然后与线性回归相同依次介绍逻辑回归的目标函数及代价函数,但需要注意的是,逻辑回归较线性回归来说多了决策边界这一概念,决策边界能够更好地帮助我们理解逻辑回归的目标函数。请读者在阅读本节时仔细体会其含义。

4.2.1 逻辑回归的分类依据——"可能性"

对于逻辑回归中的二分类问题,我们期望给定输入 $\boldsymbol{X}$,输出它的标签(y)是 0 类还是 1 类。可以用某件事物的"可能性"作为分类依据。比如,当得出该学生成绩有大于 50% 的可能是合格时,就归为合格的分类中,否则为不合格。所以对于逻辑回归来说,算法的输出值(预测值)为概率值,一直介于 0~1 之间。因此我们需要提出假设,来满足该性质。

4.2.2 目标函数及决策边界

1. 目标函数

在前面的线性回归部分,假设的形式为 $h_\theta(x) = \boldsymbol{\theta}^T \boldsymbol{X}$,对于逻辑回归,在线性回归的目标函数基础上修改为 $h_\theta(x) = g(\boldsymbol{\theta}^T \boldsymbol{X})$。定义函数 g 如下:

$$g(z) = \frac{1}{1 + e^{-z}}$$

这就是 Sigmoid 函数,也称为逻辑函数(Logistic Function)。它的函数图像如图 4.1 所示。

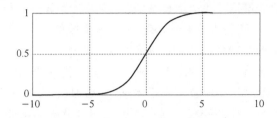

图 4.1 Sigmoid 函数

这个函数具有很好的性质,它的自变量可以取全体实数,而 $g(z)$ 的值则在 $0\sim1$ 之间,满足了假设要求。因此有逻辑回归的目标函数:

$$h_\theta(x) = \frac{1}{1+\mathrm{e}^{-\boldsymbol{\theta}^\mathrm{T}\boldsymbol{x}}}$$

这个目标函数 $h_\theta(x)$ 的输出作为当有一个输入 $\boldsymbol{X}$,输出 y 等于 1 的概率估计,当我们输入一组特征向量 $\boldsymbol{X}$,输出为 $h_\theta(x)=0.6$ 时,这个假设的含义为,对于一个特征为 $\boldsymbol{X}$ 的事物,$y=1$ 的概率为 0.6,即 $h_\theta(x)=P(y=1\mid x;\theta)$,也就是在给定特征 $\boldsymbol{X}$ 的条件下 $y=1$ 的概率,并且这个概率的参数是 θ。

2. 决策边界

决策边界的概念能够更好地帮助我们理解逻辑回归的目标函数。根据目标函数,当输出 $h_\theta(x)\geqslant0.5$ 时,意味着 y 有更大的可能等于 1;在另一种情况下,当输出 $h_\theta(x)<0.5$ 时,即预测 $y=1$ 的概率小于 0.5,则预测 $y=0$。在 Sigmiod 函数的图像中我们可以看出,当 $z\geqslant0$ 时,$g(z)\geqslant0.5$,那么对于逻辑回归的目标函数来说,只要 $\boldsymbol{\theta}^\mathrm{T}\boldsymbol{X}\geqslant0$ 就将预测为 $y=1$,与之类似,当 $z<0$ 时,即 $\boldsymbol{\theta}^\mathrm{T}\boldsymbol{X}<0$,$g(z)<0.5$,将预测 $y=0$。总的来说,当我们要决定预测 $y=0$ 还是 $y=1$ 时,取决于估值概率小于还是大于 0.5,进而取决于 $z=\boldsymbol{\theta}^\mathrm{T}\boldsymbol{X}$ 是大于还是小于 0。那么 $z=\boldsymbol{\theta}^\mathrm{T}\boldsymbol{X}=0$ 就代表了决策边界,在边界的一侧,y 的预测为 1,在边界的另一侧,y 的预测值为 0。

为了更明显地说明这个问题,假设有某目标函数 $h_\theta(x)=g(\theta_0+\theta_1x_1+\theta_2x_2)$,并已经拟合好了参数 θ_1、θ_2、θ_3 的值,那么在特征值为 x_1、x_2 的坐标系中将唯一确定一条直线 $\theta_0+\theta_1x_1+\theta_2x_2=0$ (θ_1、θ_2、θ_3 已知),这条直线对应一系列的点,它们对应 $h_\theta(x)$ 正好等于 0.5 的区域。这条直线将整个平面分成了两部分,在这条直线的一侧的样本点,y 的预测值为 1;在直线另一侧的样本点,y 的预测值为 0。而这条直线则被我们称为决策边界,如图 4.2 中斜线所示。

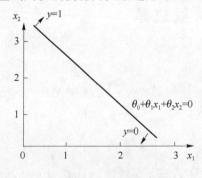

图 4.2 决策边界

　　以此为决策边界的一组数据集可能的分布如图 4.3 所示,其中 ▲ 标签为 $y=1$ 的一类样本,如合格学生;✖ 标签为 $y=0$ 的另一组样本,如不合格学生。

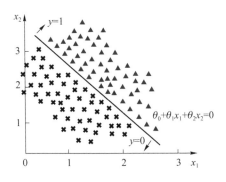

图 4.3　决策边界及样本

　　需要说明的是,决策边界是目标函数的一个属性,取决于参数集 $\boldsymbol{\theta}$,它不是数据集的属性。一旦我们有确定的参数取值,我们就将完全确定决策边界(并不需要通过绘制训练集来确定决策边界)。

　　图 4.3 中的斜线是一个简单的决策边界,而复杂的数据集往往不会直接表现出线性的分界线,因此使用逻辑回归拟合数据时,决策边界也可能是更复杂的形式,可以在特征中添加额外的高阶多项式项。例如 $h_\theta(x)=g(\theta_0+\theta_1 x_1+\theta_2 x_2+\theta_3 x_1^2+\theta_4 x_2^2)$,当 $\boldsymbol{\theta}^{\mathrm{T}}=[-1,0,0,1,1]$ 时,决策边界为 $x_1^2+x_2^2=1$,圆形。当 $\boldsymbol{\theta}$ 为其他取值时,决策边界会根据 $\boldsymbol{\theta}$ 的取值变为更复杂的形状。那么如何来确定 $\boldsymbol{\theta}$ 的取值,使我们给定一个数据集,就可以根据数据拟合出参数,这将引出代价函数的概念。

4.2.3　代价函数

　　定义用来拟合参数的代价函数,也叫优化目标。这就是逻辑回归模型的拟合问题。具体来说,有一个训练集,里面有 m 个训练样本,每个训练样本都可以用 $n+1$ 维的特征性向量表示:$\boldsymbol{X}\in[x_0,x_1,x_2,\cdots,x_n]^{\mathrm{T}},x_0=1,y\in\{0,1\}$。其中第 1 个特征一直为 1,标签 y 的取值为 0 或 1,它的目标函数为 $h_\theta(x)=\dfrac{1}{1+\mathrm{e}^{-\theta^{\mathrm{T}}x}}$,参数为 $\boldsymbol{\theta}$,下面要做的是拟合参数 $\boldsymbol{\theta}$。在线性回归中也曾引入过代价函数 $J(\boldsymbol{\theta})$。现定义 $\mathrm{cost}(h_\theta(x),y)=\dfrac{1}{2}[h_\theta(x)-y]^2$,它是在输出的预测值是 $h(x)$,而实际标签是 y 的情况下,希望学习算法付出的代价。但是,由于 $h_\theta(x)=\dfrac{1}{1+\mathrm{e}^{-\theta^{\mathrm{T}}x}}$ 是一个很复杂的非线性函数,代入代价函数后的图像为 $\boldsymbol{\theta}$ 的非凸函数,即存在很多 $\boldsymbol{\theta}$ 的局部最优解。如果在此函数上应用梯度下降法,不能保证它会收敛到全局最小值。因此需要建立一个具有凸函数性质的代价函数。

　　代价函数顾名思义,是当预测值 $h(x)$ 和真实的标签值 y 有偏差时,算法要付出的代价,偏差越大,其应付出的代价越大。我们定义单训练样本的代价函数如下:

$$\mathrm{cost}(h_\theta(x),y)=\begin{cases}-\log[h_\theta(x)], & y=1\\ -\log[1-h_\theta(x)], & y=0\end{cases}$$

通过图 4.4 的函数图像就会发现,这个函数具有很好的性质,而且是凸函数。

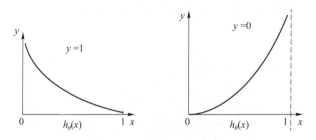

图 4.4　代价函数图像

如图 4.4 左图所示,当 $y=1$,$h_{\theta}(x)=1$ 时,此时预测值与真实值相等,预测完全正确,cost$=0$,随着 $h_{\theta}(x)$ 逐渐趋于 0,cost 趋向于无穷大,这表示,当 $y=1$ 时,预测值与实际值偏差越大时,付出代价越大,这符合我们对代价函数的期望。

如图 4.4 右图所示,当 $y=0$ 时,在 $h_{\theta}(x)$ 趋于 1 时激增,也就是说,如果最后发现 $y=0$,而我们却几乎肯定地预测 $y=1$ 的概率是 1,那么我们就要付出非常大的代价值;而如果预测的是 $h_{\theta}(x)=0$,那么此时的代价函数等于 0。

那么对于整个训练集的代价函数定义为 $\frac{1}{m}$ 乘以对应不同标签的各个训练样本在预测时付出的代价之和,即

$$J(\boldsymbol{\theta})=\frac{1}{m}\sum_{i=1}^{m}\text{cost}(h_{\theta}(x^{(i)}),y^{(i)})$$

单个样本的代价函数如下:

$$\text{cost}(h_{\theta}(x),y)=\begin{cases}-\log[h_{\theta}(x)], & y=1\\ -\log[1-h_{\theta}(x)], & y=0\end{cases}$$

为避免把代价函数写成上述分式而形成更紧凑的形式,通过添加项来将分式写为一个整式,这能更加方便地写出代价函数并推导出梯度下降。$\text{cost}(h_{\theta}(x),y)$ 可以写成下面的形式:

$$\text{cost}(h_{\theta}(x),y)=-y\log[h_{\theta}(x)]-(1-y)\log[1-h_{\theta}(x)]$$

由于 y 只能等于 0 或 1,故该整式与上面的分式完全等效。

由此我们可以得到逻辑回归的代价函数如下:

$$J(\boldsymbol{\theta})=-\frac{1}{m}\sum_{i=1}^{m}\left\{y^{(i)}\log[h_{\theta}(x^{(i)})]+[1-y^{(i)}]\log[1-h_{\theta}(x^{(i)})]\right\}$$

代价函数只要符合可以作为优化的目标其实可以写成很多形式,这个式子是从统计学中的极大似然法得来的,它是统计学中为快速寻找参数的方法;同时,它还是凸函数,具有很好的性质,因此其基本是逻辑回归模型最常用的代价函数。

4.2.4　逻辑回归算法求解

根据代价函数,为了拟合出参数,需要找出让 $J(\boldsymbol{\theta})$ 取得最小值的参数 θ。通常可以使用的方法包括梯度下降法和基于梯度下降法的几种高级优化算法。与梯度下降法相比,高级优化算法能够大大提高逻辑回归运行的速度,特别是在应对一些数据特征很多的复杂大型的机器学习问题时。

1. 梯度下降算法

通过梯度下降法最小化关于 $\boldsymbol{\theta}$ 的代价函数 $J(\boldsymbol{\theta})$ 进而为训练集拟合出参数,关于梯度下降法,在线性回归中进行过详细的讲述。具体来说,对于代价函数,想要求得 $\min_{\theta} J(\boldsymbol{\theta})$,下面是常用的梯度下降法的模板:

$$
\text{Repeat } \{
$$
$$
\theta_j := \theta_j - \alpha \frac{\partial}{\partial \theta_j} J(\boldsymbol{\theta})
$$
$$
\}
$$

由微积分的知识可以得到 $\dfrac{\partial}{\partial \theta_j} J(\boldsymbol{\theta}) = \dfrac{1}{m} \sum\limits_{i=1}^{m} \left[h_\theta(x^{(i)}) - y^{(i)} \right] x_j^{(i)}$,于是,梯度下降算法可以写作如下形式:

$$
\text{Repeat } \{
$$
$$
\theta_j := \theta_j - \alpha \frac{1}{m} \sum_{i=1}^{m} \left[h_\theta(x^{(i)}) - y^{(i)} \right] x_j^{(i)}
$$
$$
(j = 0, 1, 2, 3, \cdots, n)
$$
$$
\}
$$

需要注意的是,虽然上式和线性回归的梯度法则的式子完全相同,但逻辑回归中对目标函数的定义发生了变化,即使更新的规则基本相同。所以它和线性回归的梯度下降实际上是不同的东西。在线性回归的章节中介绍了在使用梯度下降法时的特征缩放以及如何监控以确保其收敛。同样的方法也可以在逻辑回归中监测梯度下降以确保其正常收敛。

2. 基于梯度下降法的几种高级优化算法

对于梯度下降法来说,要解决的就是最小化代价函数 $J(\boldsymbol{\theta})$ 的问题,需要做的是编写代码,当输入参数 $\boldsymbol{\theta}$ 时可以计算出 $J(\boldsymbol{\theta})$ 和当 $j = 1 \sim n$ 时的 $\dfrac{\partial}{\partial \theta_j} J(\boldsymbol{\theta})$。然后利用上面讲到的模板反复执行这些更新。但是梯度下降法并不是我们可以使用的唯一算法。还有一些更高级、更复杂的算法,它们包括共轭梯度法、BFGS 法和 L-BFGS 法等。

(1) 共轭梯度法

共轭梯度法的思想是,选定一个优化方向后,选择一个能将此方向的误差更新完的步长。完成更新后不再更新该方向的误差,转而更新共轭正交方向上的误差。由于每次将一个方向的误差都优化到了极小,后面的优化过程将不再影响之前优化方向上的极小值,所以理论上对 N 维问题求极小只用对 N 个方向都求出极小即可。它仅需利用一阶导数信息,克服了最速下降法收敛慢的缺点,共轭梯度法不仅是解大型线性方程组最有用的方法之一,也是解大型非线性最优化最有效的算法之一。在各种优化算法中,共轭梯度法是非常重要的一种。其优点是所需存储量小,具有收敛性,稳定性高,而且不需要任何外来参数。

共轭梯度法的算法步骤如下：

对于待求解的线性系统：$Ax = b$，A 为对称、正定的实系数矩阵，x 为系统唯一解。

① 初始化，令 $x_0 = 0$，$k = 0$，$r_0 = b - Ax$，$p_1 = r_0$。

② 迭代 $p_k = r_k + \dfrac{r_{k-1}^{\mathrm{T}} r_{k-1}}{p_k^{\mathrm{T}} A \, r_{k-2}} p_{k-1}$，$x_k = x_{k-1} + \alpha_k p_k$，$r_k = r_{k-1} - \alpha_k A \, p_k$。

③ 当 $\alpha_k = \dfrac{r_{k-1}^{\mathrm{T}} r_{k-1}}{p_k^{\mathrm{T}} A \, p_k}$ 时，输出结果 x_k。

(2) BFGS 法

在线性回归的章节我们已经讲解过牛顿算法。牛顿算法在计算时需要用到 Hessian 矩阵 H，计算 Hessian 矩阵非常费时，而且有时目标函数的 Hessian 矩阵无法保持正定，使得牛顿法失效。所以研究者提出了很多使用方法来近似 Hessian 矩阵，这些方法都称为拟牛顿算法，BFGS 就是其中的一种，以其发明者 Broyden、Fletcher、Goldfarb 和 Shanno 命名。它仍然被认为是最好的拟牛顿算法。

牛顿法的搜索方向是

$$d_t = -H_t^{-1} g_t$$

为了不算二阶导及其逆矩阵，我们设法构造一个矩阵 U，用它来逼近 H^{-1}。为了方便推导，假设 $f(x)$ 是二次函数，于是 Hessian 矩阵 H 是常数阵，任意两点 x_t 和 x_{t+1} 的梯度之差是

$$\nabla f(x_{t+1}) - \nabla f(x_t) = H \cdot (x_{t+1} - x_t)$$

等价于

$$x_{t+1} - x_t = H^{-1} \cdot [\nabla f(x_{t+1}) - \nabla f(x_t)]$$

对于非二次型的情况，U 满足类似的关系：

$$x_{t+1} - x_t = U_{t+1} \cdot [\nabla f(x_{t+1}) - \nabla f(x_t)]$$

或者写为

$$\Delta x_t = U_{t+1} \cdot g_t$$

以上为拟牛顿条件，不同的拟牛顿法，区别就在于如何确定 U。

为了方便区分，在 BFGS 中把 U 称为 B^{-1}。对于拟牛顿条件：

$$\Delta x_t = B_{t+1}^{-1} \cdot \Delta g_t$$

$$\Delta g_t = B_{t+1} \cdot \Delta x_t$$

令 $I_n = q_t^{\mathrm{T}} \cdot \Delta g_t$，其中 $q_t = \alpha_t \Delta x_t$，$\alpha_t = \dfrac{1}{\Delta g_t^{\mathrm{T}} \Delta x_t}$。

在迭代公式中引入 Sherman - Morrison 公式，得到

$$B_{t+1}^{-1} = \left(I_n - \frac{\Delta x_t \Delta g_t^{\mathrm{T}}}{\Delta x_t^{\mathrm{T}} \Delta g_t} \right) B_t^{-1} \left(I_n - \frac{\Delta g_t \Delta x_t^{\mathrm{T}}}{\Delta x_t^{\mathrm{T}} \Delta g_t} \right) + \frac{\Delta x_t \Delta x_t^{\mathrm{T}}}{\Delta x_t^{\mathrm{T}} \Delta g_t}$$

BFGS 算法的步骤如下：

① 给定初始点 x_0，允许误差 ε，设置 B_0^{-1}，$t = 0$。

② 计算搜索 $d_t = -H_t^{-1} g_t$。

③ 从点 x_t 出发，沿着 d_t 做一维搜索，获得最优步长并更新参数：

$$\lambda_t = \arg \min f(x_t + \lambda \cdot d_t)$$

$$x_{t+1} = x_t + \lambda_t \cdot d_t$$

④ 判断精度,若$|\boldsymbol{g}_{t+1}|<\boldsymbol{\varepsilon}$,则停止迭代,否则执行下一步。

⑤ 计算 $\Delta\boldsymbol{g}=\boldsymbol{g}_{t+1}-\boldsymbol{g}_t$,$\Delta\boldsymbol{x}=\boldsymbol{x}_{t+1}-\boldsymbol{x}_t$,更新 $\boldsymbol{B}^{-1}$ 然后计算迭代公式。

⑥ $t=t+1$,执行第②步。

(3) L‐BFGS(Limited‐memory BFGS)法

对于 d 维参数,BFGS 法需要保存一个 d^2 大小的 $\boldsymbol{B}^{-1}$ 矩阵。实际上只需要每一轮的 $\Delta\boldsymbol{x}$ 和 $\Delta\boldsymbol{g}$ 也可以递归计算出当前迭代的 $\boldsymbol{B}^{-1}$ 矩阵。L‐BFGS 就是基于这种思想,实现了节省内存的 BFGS。

对于 BFGS 的递推公式:

$$\boldsymbol{B}_{t+1}^{-1}=\left(\boldsymbol{I}_n-\frac{\Delta\boldsymbol{x}_t\Delta\boldsymbol{g}_t^{\mathrm{T}}}{\Delta\boldsymbol{x}_t^{\mathrm{T}}\Delta\boldsymbol{g}_t}\right)\boldsymbol{B}_t^{-1}\left(\boldsymbol{I}_n-\frac{\Delta\boldsymbol{g}_t\Delta\boldsymbol{x}_t^{\mathrm{T}}}{\Delta\boldsymbol{x}_t^{\mathrm{T}}\Delta\boldsymbol{g}_t}\right)+\frac{\Delta\boldsymbol{x}_t\Delta\boldsymbol{x}_t^{\mathrm{T}}}{\Delta\boldsymbol{x}_t^{\mathrm{T}}\Delta\boldsymbol{g}_t}$$

现在假设 $\boldsymbol{\rho}_t=\dfrac{1}{\Delta\boldsymbol{x}_t^{\mathrm{T}}\Delta\boldsymbol{g}_t}$,$\boldsymbol{V}_t=\boldsymbol{I}_n-\boldsymbol{\rho}_t\Delta\boldsymbol{g}_t\Delta\boldsymbol{x}_t^{\mathrm{T}}$,则递推公式可以改为

$$\boldsymbol{B}_{t+1}^{-1}=\boldsymbol{V}_t^{\mathrm{T}}\boldsymbol{B}_t^{-1}\boldsymbol{V}_t+\boldsymbol{\rho}_t\Delta\boldsymbol{x}_t\Delta\boldsymbol{x}_t^{\mathrm{T}}$$

给定初始矩阵 $\boldsymbol{B}_0^{-1}$ 后,之后的每一轮都可以递推计算,即

$$\boldsymbol{B}_{t+1}^{-1}=\left(\prod_{i=t}^{0}\boldsymbol{V}_i^{\mathrm{T}}\right)\boldsymbol{B}_0^{-1}\left(\prod_{i=0}^{t}\boldsymbol{V}_i\right)+\sum_{j=0}^{t}\left(\prod_{i=t}^{j+1}\boldsymbol{V}_i^{\mathrm{T}}\right)(\boldsymbol{\rho}_j\Delta\boldsymbol{x}_j\Delta\boldsymbol{x}_j^{\mathrm{T}})\left(\prod_{i=j+1}^{t}\boldsymbol{V}_i\right)$$

这个求和项包含了从 $0\sim t$ 的所有 $\Delta\boldsymbol{x}$ 和 $\Delta\boldsymbol{g}$,而根据实际需要,可以只取最近的 m 个,即

$$\boldsymbol{B}_t^{-1}=\left(\prod_{i=t}^{t-m}\boldsymbol{V}_i^{\mathrm{T}}\right)\boldsymbol{B}_0^{-1}\left(\prod_{i=t-m}^{t-1}\boldsymbol{V}_i\right)+\sum_{j=t-1}^{t-m}\left(\prod_{i=t}^{j+1}\boldsymbol{V}_i^{\mathrm{T}}\right)(\boldsymbol{\rho}_j\Delta\boldsymbol{x}_j\Delta\boldsymbol{x}_j^{\mathrm{T}})\left(\prod_{i=j+1}^{t}\boldsymbol{V}_i\right)$$

L‐BFGS 算法的步骤如下:

① 给定初始点 $\boldsymbol{x}_0$,允许误差 $\boldsymbol{\varepsilon}$,预定保留最近 m 个向量,设置 $\boldsymbol{B}_0^{-1}$,$t=0$。

② 用以下算法(two-loop recursion)计算搜索方向($\boldsymbol{H}_k=\boldsymbol{B}_k^{-1}$):

```
q←∇f_k;
for i = k-1,k-2,…,k-m
    α_i←ρ_j Δx_j^T q;
    q←q-α_i Δg_i;
end(for)
r←H_k^0 q
for i = k-m,k-m-1,…,k-1
    β←ρ_j Δg_j^T r;
    r←r+Δx_i(α_i-β)
end(for)
stop with result H_k∇f_k = r
```

③ 从点 x_i 出发,沿着 d_i 做一维搜索,获得最优步长并更新参数:

$$\boldsymbol{\lambda}_t=\arg\min f(\boldsymbol{x}_t+\boldsymbol{\lambda}\cdot d_t)$$

$$\boldsymbol{x}_{t+1}=\boldsymbol{x}_t+\boldsymbol{\lambda}_t\cdot\boldsymbol{d}_t$$

④ 判断精度,若 $|\boldsymbol{g}_{t+1}|<\boldsymbol{\varepsilon}$,则停止迭代,否则执行下一步。

⑤ 判断是否 $t>m$,删掉存储的 $\Delta\boldsymbol{x}_{t-m}$ 和 $\Delta\boldsymbol{g}_{t-m}$。

⑥ 计算 $\Delta \boldsymbol{g} = \boldsymbol{g}_{t+1} - \boldsymbol{g}_t$，$\Delta \boldsymbol{x} = \boldsymbol{x}_{t+1} - \boldsymbol{x}_t$，令 $t = t+1$，执行②。

以上三种算法的优缺点如下：

① 不需要手动调节学习率，通过线性回归中讲到的梯度下降法可以知道，当学习率设置不恰当时会导致收敛速度很慢或者不能收敛，而上述三种方法，不需要手动设置，可以自动地寻找最适合的学习率。

② 收敛速度相对于梯度下降法快了很多。

③ 但是以上三种方法的复杂度相对于梯度下降法复杂很多，超出了本书的讲授范围，现在我们只需要会用就可以了。

高级算法具有一个智能的内循环。现阶段我们不需要真正理解这些算法的内循环在做什么，但可以使用这些算法并应用于许多不同的学习问题。我们可以直接调用别人已经写好的函数库，关于如何具体调用，可参考相关书籍。

4.2.5 逻辑回归的正则化

像第3章所讲述的线性回归一样，在运用逻辑回归学习算法时，当应用到某特定的机器学习问题中时，也会遇到过度拟合的问题。为了改善和减少过度拟合的问题，使算法更好地发挥作用，在逻辑回归算法中也将引入正则化的方法。在线性回归中已经给出过欠拟合、过拟合的概念。在此不再赘述。

通常，如果逻辑回归中有许多特征和复杂多项式，这些大量的特征最终会导致过拟合的现象。通过在逻辑回归代价函数上进行一些修改，就可使用正则化的方法。其具体做法是在代价函数后加上修正项 $\frac{\lambda}{2m} \sum_{j=1}^{n} \theta_j{}^2 \mid \theta_1, \theta_2, \cdots, \theta_n$。这项的作用是惩罚参数 $\theta_1, \theta_2, \cdots, \theta_n$，以防止它们过大。通过这种方法，即使有许多特征，都可以通过正则化来避免过拟合的现象。

1. 梯度下降算法的正则化

前面曾提到过梯度下降算法的模板：

Repeat {
$$\theta_j := \theta_j - \alpha \frac{1}{m} \sum_{i=1}^{m} [h_\theta(x^{(i)}) - y^{(i)}] x_j^{(i)}$$
$$(j = 0,1,2,3,\cdots,n)$$
}

将梯度下降法中的更新式进行改写，将 θ_0 的更新单独写出如下：

Repeat {
$$\theta_0 := \theta_0 - \alpha \frac{1}{m} \sum_{i=1}^{m} [h_\theta(x^{(i)}) - y^{(i)}] x_0^{(i)}$$
$$\theta_j := \theta_j - \alpha \frac{1}{m} \sum_{i=1}^{m} [h_\theta(x^{(i)}) - y^{(i)}] x_j^{(i)}$$
$$(j = 1,2,3,\cdots,n)$$
}

因为正则化需要将 θ_0 做单独的处理,经过改写,第一行变成 θ_0 的更新,第二行为 $\theta_1 \sim \theta_n$ 的更新。接下来将添加的修正项加入第二行:

```
Repeat {
```

$$\theta_0 := \theta_0 - \alpha \frac{1}{m} \sum_{i=1}^{m} \left[h_\theta(x^{(i)}) - y^{(i)} \right] x_0^{(i)}$$

$$\theta_j := \theta_j - \alpha \left\{ \frac{1}{m} \sum_{i=1}^{m} \left[h_\theta(x^{(i)}) - y^{(i)} \right] x_j^{(i)} + \frac{\lambda}{m} \theta_j \right\}$$

$$(j = 1,2,3,\cdots,n)$$

```
}
```

其中,$\frac{1}{m} \sum_{i=1}^{m} \left[h_\theta(x^{(i)}) - y^{(i)} \right] x_j^{(i)} + \frac{\lambda}{m} \theta_j$ 项是新定义的代价函数 $J(\theta)$ 对 θ_j 的偏导数。

2. 高级优化算法的正则化

对于前面提到的那些高级算法,我们需要自己定义一个以参数 $\boldsymbol{\theta}$ 作为输入的 costFunction 函数,然后将它赋给 fminunc 函数,fminunc 的释义为函数在无约束条件下的最小值,因此它可以帮助我们来最小化 costFunction 函数。我们需要让 costFunction 函数返回两个值,即代价函数值和梯度:function [jval, gradient]。注意在计算代价函数时,由于考虑了正则化,代价函数 $J(\boldsymbol{\theta})$ 会有所改变,为

$$J(\boldsymbol{\theta}) = \left\{ -\frac{1}{m} \sum_{i=1}^{m} y^{(i)} \log \left[h_\theta x^{(i)} \right] - \left[1 - y^{(i)} \right] \log \left[1 - h_\theta x^{(i)} \right] \right\} + \frac{\lambda}{2m} \sum_{j=1}^{n} \theta_j^2$$

然后,函数的另一个返回值为梯度。gradient(1) 是对 θ_0 求偏导,以此类推,对 θ_n 的偏导应该表示为 gradient$(n+1)$。另外,由于正则化的修正项是从 θ_1 开始的,所以对 θ_0 的求导并没有变化,结果为 $\frac{1}{m} \sum_{i=1}^{m} \left[h_\theta(x^{(i)}) - y^{(i)} \right] x_0^{(i)}$,而其他项则发生了变化,在它们原本项的基础上添加了 $\frac{\lambda}{m} \theta_j$。运行 costFunction 函数,对它调用 fminunc 函数,将会最小化正则化后的代价函数,函数返回的参数,即是正则化逻辑回归的解。具体的代码如下:

```
Advanced optimization
    function [jval, gradient] = costFunction (theta)
        jVal = [code to compute J(θ)]
    gradient(1) = [code to compute ∂/∂θ₀ J(θ)]
    gradient(2) = [code to compute ∂/∂θ₁ J(θ)]
    gradient(3) = [code to compute ∂/∂θ₂ J(θ)]
        ⋮
    gradient(n + 1) = [code to compute ∂/∂θₙ J(θ)]
```

4.2.6 多分类问题

多分类主要解决生活中需要把一些样本划分为多个类别的问题。比如需要将一些文件按照类型归类到相应文件夹,例如工作相关、生活相关、学习相关的三类文件夹,通过不同的标签来加以区分,上面这个例子其实就是一个包含了三个分类的问题,我们希望算法可以自动地将文件打上标签归类到不同的文件夹中。这些可以通过建立多分类的学习算法来解决。

可以用一些离散值 $y=1$、$y=2$、$y=3$ 来代表不同类型的文件夹。对于多分类问题,假设用 3 种不同的符号表示 3 个不同的类别,在坐标系中可视化表示如图 4.5 所示。

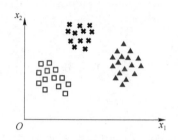

图 4.5 分类数据可视化

在前面我们已经学习过了用逻辑回归算法解决二分类问题。我们也可以将其用在多类别分类的问题上来。多分类问题的原理就是转化为几个独立的二分类问题来解决。如图 4.5 所示的 3 个类别就可以拆分成 3 个独立的二分类问题。我们可以创建 3 个新的训练集。在每组训练集中,将训练集中的类别区分为特定类别和非特定类别,例如,可以把类别 1 作为一类,把类别 2 和类别 3 作为另一类。这样形成的新数据集就可以用二分类的算法进行解决。分别拟合 3 个标准的逻辑回归分类器并进行求解,如图 4.6 所示。

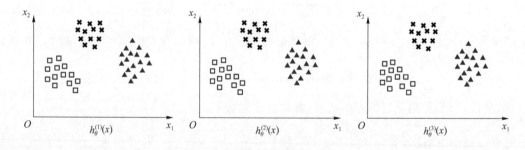

$$h_\theta^{(i)}(x)=P(y=i \mid x;\theta) \quad (i=1,2,3)$$

图 4.6 三个标准的逻辑回归分类器

通过上面的方法可以拟合出在给定 x 和 θ 时,$y=i$ 的概率,每个分类器都针对其中一种情况进行训练。在 3 个分类器运行输入 x,然后选择 h 最大的类别,也就是要选择出 3 个中可信度最高,效果最好的那个分类器,无论 i 值是多少,都能得到一个最高的概率值,预测 y 就是那个最大值。通过这样的转换方法,就可以把逻辑回归分类器用在多类别分类的问题上。

至此我们已经介绍完逻辑回归的基本理论,下面将结合飞行员飞行疲劳预测案例展开上述知识在实际中的应用。

4.3 飞行员飞行疲劳预测案例

本节将结合飞行员疲劳预测实例介绍逻辑回归中涉及的概念,目标函数与代价函数、模型的求解算法,让大家可以在实际应用中具体认识这些概念。

4.3.1 飞行员飞行疲劳预测案例与分析

我们认为人的疲劳与否可以通过一些生理特征加以表现,例如眼睛闭合的频率和持续时间,如果检测到飞行员的眨眼次数增多,平均闭眼时长延长,则判断其可能处于不易驾驶的疲劳状态。假如我们得到了一组飞行员眨眼次数和平均闭眼时长的数据,并通过彼时的飞行训练表现和飞行员主观评测得到了他们是否处于疲劳状态的实际情况。这相当于我们拥有了一组历史数据作为训练集,那么现在当我们得知了一名飞行员的眨眼次数与平均眨眼时长以后,将如何利用这些历史数据来判断其是否处于疲劳状态呢?下面我们就用逻辑回归来解决这个问题。

由前面理论部分的学习可以知道,找到决策边界,就找到了我们判断个体是否处于疲劳状态的分界线。想要找到决策边界,关键是确定目标函数 $h_\theta(x) = g(\theta_0 + \theta_1 x_1 + \theta_2 x_2)$ 中参数 θ_0、θ_1、θ_2 的值,一旦确定这些参数的值,那么在特征值(在本例中即是飞行员眨眼次数和平均眨眼时长)为 x_1、x_2 的坐标系中将唯一确定一条直线 $\theta_0 + \theta_1 x_1 + \theta_2 x_2 = 0$($\theta_0$、$\theta_1$、$\theta_2$ 已知),这条直线对应一系列的点,它们对应 $h_\theta(x)$ 正好等于 0.5 的区域。

以上可以理解为:目标变量 y 为疲劳状态,用 $y=1$ 表示疲劳,$y=0$ 表示不疲劳;特征为:眨眼次数、平均眨眼时长;目标函数为:利用眨眼次数和平均闭眼时长数据获得相应疲劳状态预测的逻辑回归模型。

4.3.2 基于逻辑回归的飞行员飞行疲劳预测程序流程

在本小节中,将基于 Python 实现飞行员疲劳状态预测。从上述学习中我们已知,在应用梯度下降法进行逻辑回归时,首先需要定义出目标变量、特征、目标函数及代价函数,接着通过使用梯度下降的方式实现模型参数的迭代,通过观察代价函数是否收敛且值是否足够小的方式判断模型的拟合能力。

因此,在 Python 实现中,与线性回归案例一样,首先应针对数据进行目标变量、特征的变量命名标记;接着定义目标函数与代价函数,通过迭代的方式进行模型参数的运算;最后通过数据的可视化及代价函数的值输出判断模型拟合能力。

代码的结构如图 4.7 所示,下面将对每一部分的程序流程进行讲解。

1. 定义函数

首先需要将上述我们需要利用的函数在 Python 中进行定义,通俗地说,就是把我们需要 Python 帮助进行的计算按照 Python 的语句规则编入,这也是逻辑回归模型应用的基础。在下面的代码中,"#"后面的部分是对前面代码的中文语义解释,方便读者在阅读代码时进行理解对应。

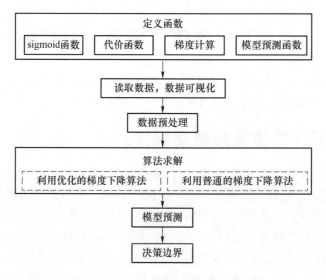

图 4.7　程序流程框图

```
# ------------sigmiod 函数------------
def sigmoid(z):
return 1 / (1 + np.exp( - z))
# ------------代价函数------------
def cost(theta, X, y):
    first = ( - y) * np.log(sigmoid(X @ theta))        # cost 函数前面的项,@是矩阵乘法
    second = (1 - y) * np.log(1 - sigmoid(X @ theta))  # cost 函数后面的项
return np.mean(first - second)   # 求均值
```

$$\# = -\frac{1}{m} \left\{ \sum_{i=1}^{m} y^{(i)} \log(h_\theta x^{(i)}) + (1 - y^{(i)}) \log[1 - h_\theta x^{(i)}] \right\}$$

```
# ------------梯度计算------------
def gradient(theta, X, y):
return (X.T @ (sigmoid(X @ theta) - y))/len(X)
```

$$\# \frac{\partial}{\partial \theta_j} J(\theta) = \frac{1}{m} \sum_{i=1}^{m} [h_\theta(x^{(i)}) - y^{(i)}] x_j^{(i)}$$

```
# ------------模型预测函数------------
def predict(theta, X):
    probability = sigmoid(X@theta)
    return [1 if x >= 0.5 else 0 for x in probability]   # return a list
```

2. 读取数据,数据可视化

在这部分中,将要进行的是把已知的历史数据(在这份历史数据中存有 100 名飞行员的数据,可以是一个 txt 文档,其中包括每人的眨眼频率、平均眨眼时长、彼时是否处于疲劳状态[0 或 1]),将其作为模型的训练样本导入,并进行可视化处理。

```
data = pd.read_csv('exdata.txt', names = ['frequency', 'duration', 'fatigued'])
# 读入数据 标记列名 exdata 为 txt 文档的名称
print (data.describe())    # 计算基本信息
positive = data[data.fatigued.isin([1])]    # 挑选出 fatigue 列中值为 1 的数据
negative = data[data.fatigued.isin([0])]    # 挑选出 fatigue 列中值为 0 的数据

fig, ax = plt.subplots(figsize = (6,5))        # 1 行 1 个 6 * 5 大小的图
ax.scatter(positive['frequency'], positive['duration'], c = 'b', label = 'fatigued')
# 画散点图,x y 点的颜色 标签
ax.scatter(negative['frequency'], negative['duration'], s = 50, c = 'r', marker = 'x', label = 'Not
fatigued')    # 画散点图,x y 点的颜色 点的形状 标签
ax.legend(loc = 'center left', bbox_to_anchor = (0.2, 1.12),ncol = 3)
# 设置图例显示在图的上方
ax.set_xlabel('frequency')                    # 设置横坐标名
ax.set_ylabel('duration')                     # 设置纵坐标名
plt.show()
```

执行完这部分代码,将可以看到可视化后的图像如图 4.8 所示。

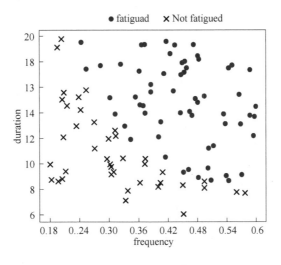

图 4.8　数据可视化

3. 数据预处理

```
if 'Ones' not in data.columns:
    data.insert(0,'Ones', 1)               # 在 data 中加一列 x0,加一列全为 1 的数,引入 x0 = 1
    X = data.iloc[:, : -1].values          # x0,x1,x2
    y = data.iloc[:, -1].values            # 最后一列 admitted
    theta = np.zeros(X.shape[1])           # 设定 theta 初始值为 0
    print (X.shape, theta.shape, Y.shape)  # 检查矩阵维度
```

下面的代码包括了前文所述的普通梯度下降法和高级优化算法。实际应用时,选择其中

一个方法进行求解即可。

4. 算法求解

(1) 利用优化的梯度下降算法求解

```
result = opt.fmin_tnc(func = cost, x0 = theta, fprime = gradient, args = (X, Y))
# func:优化的目标函数  fprime:梯度函数 args:数据 x0 初值
print (result)
```

(2) 利用普通的梯度下降算法求解

```
    # 分割输入和输出
ep = 100000
alpha = 0.001
cnt = 0
while cnt <= ep:
    theta = theta - alpha * gradient(theta,X,y)
    cnt += 1
print(theta)
print(finalTheta)
```

5. 飞行员飞行疲劳预测模型精度计算

在模型预测的精度这部分中,将计算模型精度,即预测值和真实值的偏差,实际执行时,下列代码可以计算出在 100 组训练样本中,模型可以准确预测的数量,并得出百分比作为精度。

```
final_theta = result[0]
# 0 里面存的是最终的 theta 值,使用一般梯度下降算法时需要将"result[0]"更换为"theta"
predictions = predict(final_theta, X)    # 计算预测值
print(predictions)
correct = [1 if a == b else 0 for (a, b) in zip(predictions, y)]
# 检查预测值和真实值的偏差,相等为1,不等为 0
accuracy = sum(correct) / len(X)
print (accuracy)
```

6. 决策边界

图 4.9 是利用模型求出的参数绘制的决策边界部分,得出决策边界以后,我们便能据此判断一个新的数据(眨眼频率,眨眼时长)隶属于边界的哪一侧,从而对疲劳状态进行预测。

```
x1 = np.arange(0.6, step = 0.01)
x2 = -(final_theta[0] + x1 * final_theta[1]) / final_theta[2] # h_θ(x) = g(θ_0 + θ_1 x_1 + θ_2 x_2) = 0
```

```
fig, ax = plt.subplots(figsize = (6,5))
ax.scatter(positive['frequency'], positive['duration'], c = 'b', label = 'fatigued')
ax.scatter(negative['frequency'], negative['duration'], s = 50, c = 'r', marker = 'x', label = 'Not
fatigued')
ax.plot(x1, x2)
ax.set_xlim(0, 0.6)
ax.set_ylim(0, 20)
ax.set_xlabel('x1')
ax.set_ylabel('x2')
ax.set_title('Decision Boundary')
plt.show()
```

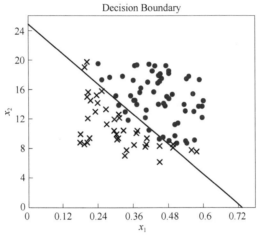

图 4.9　决策边界

4.4　总　结

本节主要回顾本章的知识要点和知识结构,以思维导图的形式进行展示(见图 4.10),便于读者对整体知识的掌握和复盘。

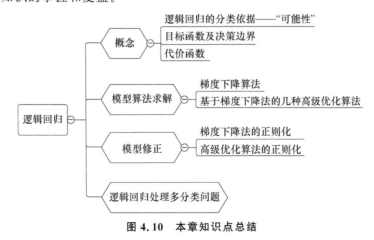

图 4.10　本章知识点总结

4.5 作 业

1. 飞行员在正式登机执行航班前需要在模拟机中接受充分的训练。模拟机课程通常有一定的课时要求,但为了保证飞行员能够顺利通过考试,教员可根据飞行员的训练情况决定是否给予其增课时的安排。教员 A 计划利用飞行员最后两节模拟机课程的表现情况来判断该学员是否需要加课。两节模拟机课程的课程成绩设为 exam1 与 exam2。在 ch4_logistic_data1 中,有每位学生的考试成绩。此外,根据飞行历史数据形成的标准,给出了每位飞行员是否通过的初步意见(1 为通过,0 为不通过)。现在需要做的工作就是根据飞行员的飞行成绩,建立逻辑回归模型,预测每位飞行员通过模拟机课程的机会,并对每位飞行员是否通过进行 0 - 1 判定(录取机会大于 0.5 即判定为 1)。

(1)绘制数据样本图像及判定曲线。

(2)假设某飞行员成绩为 45,85,请问他被录取的概率为多大?

2. 现有飞机制造厂需对一批起落架进行质量检查。制造厂对起落架进行过两个不同的性能测试:test_1、test_2,在 ch4_logistic_data2 中有这批起落架的测试结果。那么,制造人员如何通过这两个测试数据去判断起落架的质量?

试通过正则化的逻辑回归模型完成此任务,并绘制数据样本图像及判定曲线。

4.6 知识扩展

对于多分类问题,可采用 One-vs-All 方法进行解决,通过 4.2.6 小节处理多问题分类的方法,读者应该已经知道 One-vs-All 的概念就是以其中的一项为一类,而其余的所有项为另一类,所以该方法被称为 One-vs-All。那么在代码实现上,需要在原有的逻辑回归模块中添加 One-vs-All 的训练以及预测方法。下面对多分类问题的代码框架进行梳理,并对相关语句进行解释,最后给出程序流程框图方便读者进行理解。

1. One-vs-All 训练

采用 One-vs-All 方法来进行多分类,在原有的逻辑回归模块中添加 One-vs-All 的训练以及预测方法。

```
# coding: utf-8
# logical_regression/logical_regression.py
# ......
def oneVsAll(X, y, options):
    """ One-vs-All 多分类
    Args:
        X 样本
        y 标签
        options 训练配置
```

```
    Returns:
        Thetas 权值矩阵
    """    # 类型数
    classes = set(np.ravel(y)) # 决策边界矩阵
    Thetas = np.zeros((len(classes), X.shape[1]))
    # 一次选定每种分类对应的样本为正样本,其他样本标识为负样本,进行逻辑回归
    for idx, c in enumerate(classes):
        newY = np.zeros(y.shape)
        newY[np.where(y == c)] = 1
        result, timeConsumed = gradient(X, newY, options)
        thetas,errors,iterations = result
        Thetas[idx] = thetas[-1].ravel()
    return Thetas


def predictOneVsAll(X,Thetas):
    """One-vs-All 下的多分类预测
    Args:
        X 样本
        Thetas 权值矩阵
    Returns:
        H 预测结果
    """
    H = sigmoid(Thetas * X.T)
    return H
```

2. 测试程序

测试程序如下,对手写字符集进行多分类,并统计训练精度。程序流程框图如图 4.11 所示。

```
# coding: utf-8
# logical_regression/test_onevsall.py
"""OneVsAll 多分类测试
"""
import numpy as np
import logical_regression as regression
from scipy.io import loadmat

if __name__ == "__main__":
    data = loadmat('data/ex3data1.mat')
    X = np.mat(data['X'])
    y = np.mat(data['y'])
    # 为 X 添加偏置
    X = np.append(np.ones((X.shape[0], 1)), X, axis = 1)
```

```
         # 采用批量梯度下降法
         options = {
              'rate': 0.1,
              'epsilon': 0.1,
              'maxLoop': 5000,
              'method': 'bgd'
         }
         # 训练
         Thetas = regression.oneVsAll(X,y,options)
         # 预测
         H = regression.predictOneVsAll(X, Thetas)
         pred = np.argmax(H,axis = 0) + 1
         # 计算准确率
    print 'Training accuracy is: % .2f %'
% (np.mean(pred == y.ravel()) * 100)
```

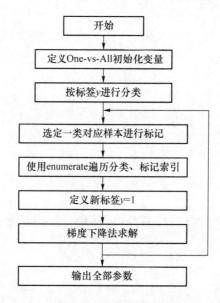

图 4.11　程序流程框图

第5章 神经网络——航空飞行器分类

图像分类是指对于所输入的图像,输出对该图像内容的分类描述。它是计算机视觉的核心,具有广泛的实际应用价值。图像分类的传统方法是特征描述及检测,这类传统方法对于一些简单的图像分类是有效的,但由于许多实际应用情况非常复杂,因此传统的方法略显疲态。随着机器学习方法的快速发展,我们不再试图用代码来描述每一个图像类别,而是借助于机器学习的方法处理图像分类问题。

在航空航天领域中,图像分类问题同样有着十分重要的理论和应用前景。在航空飞行器分类问题中,通过神经网络算法可快速有效地对飞行器类别进行分类,这对于机场管制等场景具有实际的应用价值。本章将结合航空飞行器分类问题,对神经网络的基本理论以及实例应用做详细介绍。

5.1 航空飞行器分类背景

神经网络产生的原因是人们想尝试设计出模仿人类大脑的算法。如果人体有同一块脑组织可以处理光、声或触觉信号,那么也许存在一种学习算法,可以同时处理视觉、听觉和触觉,而不是需要运行上千个不同的程序,或者运行上千个不同的算法来做这些大脑所完成的成千上万的美好事情。我们需要做的就是找出一些近似的或实际的大脑学习算法,实现大脑通过自学掌握如何处理这些不同类型的数据。

为了构建神经网络模型,首先需要思考大脑中的神经网络是怎样的。每一个神经元都可以被认为是一个处理单元/神经核(Processing Unit/Nucleus),它含有许多输入/树突(Input/Dendrite),并且有一个输出/轴突(Output/Axon)。神经网络是大量神经元相互链接并通过电脉冲来交流的一个网络。神经元把自己收到的消息进行计算,并向其他神经元传递消息。这也是人体感觉和肌肉运转的原理。如果人体想活动一块肌肉,就会触发一个神经元给肌肉发送脉冲,并引起肌肉收缩。如果一些感官:比如眼睛想要给大脑传递一个消息,那么它就会发送电脉冲给大脑。这个结构,就是神经网络(人工神经网络)的起源。

大脑如何识别图像找主要特征?请读者仔细观察图5.1,趣味识别空客和波音飞机机型的区别。

图 5.1 根据主要特征趣味识别不同的航空飞行器机型

5.2 可用于航空飞行器分类的神经网络结构

5.2.1 神经元单元

神经元是神经网络的基本单位。神经网络模型建立在很多神经元之上,每一个神经元又是一个学习模型。这些神经元(也叫激活单元,Activation Unit),采纳一些特征作为输出,并且根据本身的模型提供一个输出。图 5.2 是一个以逻辑回归模型作为自身学习模型的神经元示例,在神经网络中,参数又可称为权重(Weight,这里表征为 θ)。这里为每一层都增加一个偏差单位(Bias Unit),表征为 b。

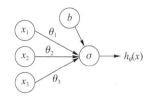

图 5.2　人工神经网络中神经元示意图

5.2.2　输入层、隐含层、输出层

神经网络模型是许多逻辑单元按照不同层级组织起来的网络,每一层的输出变量都是下一层的输入变量。图 5.3 为一个 3 层的神经网络,第一层称为输入层(Input Layer),最后一层称为输出层(Output Layer),中间一层称为隐含层(Hidden Layer)。

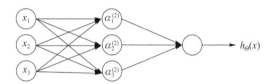

输入层(Input Layer)　隐含层(Hidden Layer)　输出层(Output Layer)

图 5.3　人工神经网络示意图

输入层表示的是整个神经元网络的输入量,输出层表示的是神经元网络的最终输出量。隐含层表示的是神经元网络中不与外界直接交换信息的层,其中神经元的输入为上一层神经元(层)的输出,输出作为下一层神经元(层)的输入。

5.2.3　激活函数

在神经网络中,激活函数也是重要的组成部分。激活函数的最大作用用一句话来概括就是使神经网络的输出非线性化。在 5.2.2 小节中介绍到神经网络的第 i 层输出为 Wx_i+b。这样就会导致一个问题:无论神经网络有多少层,第 i 层的输出都是与第 i 层输入线性相关的函数,此时神经网络就像一个多层线性回归模型的叠加。显然这样不符合神经网络学习复杂数据特征的目标,为了解决这个问题,很自然地就可以想到在神经网络每层之间引入非线性函数。这样神经网络中下一层得到的将不再是简单的线性组合。激活函数的作用概括如下:

① 控制输入对输出的激活作用;

② 对输入、输出进行非线性函数转换;

③ 将可能无限域的输入变换成指定的有限范围内的输出。

由于神经网络需要进行梯度下降来达到优化的目的,因此激活函数需要是可微的(或几乎完全可微的),而复杂的激活函数也会产生梯度消失、梯度爆炸等问题,所以在神经网络中得到应用的激活函数很有限。目前常见的激活函数如:Sigmoid 函数、Relu 函数、Softmax 函数等,以上均为非线性函数。

1. Sigmoid 函数

Sigmoid 函数也叫逻辑函数（Logistic 函数），它可以将取值为 $(-\infty, \infty)$ 的数映射到 $(0,1)$ 之间，Sigmoid 函数的表达式为

$$f(x) = 1/[1 + e^{(-x)}]$$

Sigmoid 函数的求导推导为

$$f'(x) = \{1/[1 + e^{(-x)}]\}' = e^{(-x)}/[1 + e^{(-x)}]^2 = f(x)[1 - f(x)]$$

Sigmoid 函数的图像如图 5.4 所示，因其形如 S，也常被称为 S 形函数。

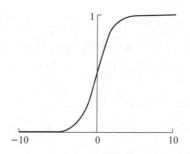

图 5.4　标准 Sigmoid 函数

因为 Sigmoid 函数的值域在 0～1 之间，可以将其表示为概率。因此 Sigmoid 函数给神经网络引入了概率的概念，常被用于二分类问题的输出层，不用在隐含层之间。但是近年在神经网络中正逐渐被奇函数 Tanh 函数所取代，Tanh 也存在梯度消失的问题。

2. Relu 函数

Relu 函数全称为修正线性单元（Rectified Linear Unit），通常指代以斜坡函数及其变种为代表的非线性函数，它可以将取值为 $(-\infty, \infty)$ 的数映射到 $(0, \infty)$ 之间。Relu 函数的表达式为

$$f(x) = \begin{cases} x, & x > 0 \\ 0, & x \leqslant 0 \end{cases}$$

Relu 函数的求导推导为

$$f'(x) = \begin{cases} 1, & x > 0 \\ 0, & x \leqslant 0 \end{cases}$$

Relu 函数的图像如图 5.5 所示，从输出图像可以看到输入小于 0 时，输出都为 0，输入大于 0 时，输出等于输入。

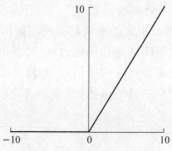

图 5.5　标准 Relu 函数

Relu 函数在其输入为正数时,解决了 Sigmoid 函数和 Tanh 函数的梯度消失问题,而且计算速度要快很多,可以在隐含层中间使用。

3. Softmax 函数

Softmax 函数也被称为归一化指数函数,被广泛地用于神经网络的多分类任务。它是 Sigmoid 函数在多分类任务上的推广,也是将多分类结果以概率形式展现出来的一种函数。

$$f(x_i) = e^{(x_i)} \Big/ \sum_{i=1}^{N} e^{(x_i)}$$

Softmax 函数具有以下两个性质:

(1) 将输出结果转化为非负数

指数函数的值域取值为 $(0,\infty)$,而 Softmax 函数就是将模型输出结果转化为指数函数,保证了输出结果的非负性。举个例子,若神经网络模型对一个三分类问题的预测结果为:-3、1.5、2.7,用 Softmax 函数将预测结果转化为非负数:

$$y_1 = \exp(-3) = 0.05$$
$$y_2 = \exp(1.5) = 4.48$$
$$y_3 = \exp(2.7) = 14.88$$

(2) 各输出结果概率之和为 1

在 Softmax 函数中进行了归一化处理,就是将转化后的结果除以所有结果之和,也就得到了近似的概率。将上边的例子进行处理,使得各预测结果概率之和为 1:

$$Z_1 = \frac{y_1}{y_1+y_2+y_3} = \frac{0.05}{0.05+4.48+14.88} = 0.002\,6$$

$$Z_2 = \frac{y_2}{y_1+y_2+y_3} = \frac{4.48}{0.05+4.48+14.88} = 0.230\,8$$

$$Z_3 = \frac{y_3}{y_1+y_2+y_3} = \frac{14.88}{0.05+4.48+14.88} = 0.766\,6$$

4. 激活函数总结

激活函数因其特性的不同被用于不同的场合,关于常见激活函数的总结如表 5.1 所列。

表 5.1　常见激活函数总结表

激活函数名称	值　域	应用场景
Sigmoid 函数	$(0,1)$	二分类任务
Tanh 函数	$(-1,1)$	分类/回归问题
Relu 函数	$(0,\infty)$	隐含层
Softmax 函数	$(0,1)$	多分类任务

5.2.4　训练集与测试集

神经元网络分类器属于机器学习中监督学习的范畴。监督学习中必须使用大量的数据让计算机"学习"到数据之间的逻辑关系,这样分类器才能具有相应的功能,而这个学习的过程称之为"训练"。在训练之后,可以使用另一组数据来验证分类器的分类效果,这个过程称之为"测试"。图 5.6 详细说明了训练集和测试集之间的关系和各自的作用。

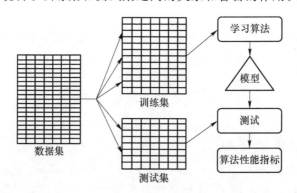

图 5.6 训练集与测试集

若有一组数据用于机器学习,首先应当将其按比例划分为"训练集"与"测试集",分别用于训练过程和测试过程。对于神经元网络,假如我们希望让网络分辨猫和狗,首先应当利用若干已经标注好类别的猫、狗的图片作为训练集,让网络通过训练集学习到猫、狗的特征差异,这个过程其实就是在不断地优化模型中的参数 θ;再利用测试集检验模型是否能准确分辨猫和狗的类别。

5.2.5 前向传播与反向传播

1. 代价函数

代价函数用于衡量神经网络分类效果的好坏,从而驱动神经网络的训练过程。对于一个训练样本 $(x^{(i)}, y^{(i)})$,以及该训练样本的输入 $x^{(i)}$,通过神经网络后得到的输出 h,我们应该给出一个函数来衡量分类结果 h 与期望分类结果(训练样本的实际标签)之间的差距。

神经网络的代价函数表示为

$$J(\boldsymbol{\Theta}) = -\frac{1}{m}\left[\sum_{i=1}^{m}\sum_{k=1}^{K} y_k^{(i)}\log\left(h_{\Theta}(x^{(i)})\right)_k + (1-y_k^{(i)})\log\left(1-(h_{\Theta}(x^{(i)}))_k\right)\right]$$

其中,$(x^{(i)}, y^{(i)})$ 为训练样本的数据与标签,$h(x^{(i)})$ 为该训练样本的输入 $x^{(i)}$ 通过神经网络后得到的输出。m 为训练样本的总数,K 为分类结果的类别数。代价函数越大,说明分类结果与实际期望结果相差越大;代价函数为 0,说明分类效果极好。

这个看起来复杂很多的代价函数与常见优化算法中的目标函数背后的思想是一样的,我们希望通过代价函数来观察算法预测的结果与真实情况的误差有多大,唯一不同的是,对于每一行特征,我们都会给出 K 个预测,基本上我们可以利用循环,对每一行特征都预测 K 个不同的结果,然后再利用循环在 K 个预测中选择可能性最高的一个,将其与 y 中的实际数据进行比较。

2. 梯度下降法

由代价函数的定义,代价函数值越小,说明分类器的分类结果与真实标签越接近,因此我们希望代价函数尽可能小。由此,我们对神经网络的优化问题,实际上就是对代价函数的最小化问题。由代价函数的表达式可以看出,代价函数是关于参数矩阵 $\boldsymbol{\Theta}$ 的函数,因此我们要找出合适的 $\boldsymbol{\Theta}$ 来最小化代价函数。

梯度下降的出现就是为了最小化代价函数。由高等数学知识我们知道,要让一个函数值减小,我们只需要让参数沿着梯度(偏导数)不断下降,即可到达一个极小值点。因此,梯度下降就是优化代价函数的思路。

具体地,为了对代价函数 J 进行最优化,我们需要计算代价函数 $J(\boldsymbol{\Theta})$ 以及代价函数对每个参数 $\Theta_{ij}^{(l)}$ 的偏导数。当计算出代价函数对每个参数 $\Theta_{ij}^{(l)}$ 的偏导数 $\dfrac{\partial}{\partial \Theta_{ij}^{(l)}} J(\boldsymbol{\Theta})$ 后,我们进行梯度下降,让每个参数 $\Theta_{ij}^{(l)}$ 沿当前偏导数方向前进一小步,即

$$\Theta_{ij\_\text{new}}^{(l)} = \Theta_{ij}^{(l)} - \alpha \cdot \frac{\partial}{\partial \Theta_{ij}^{(l)}} J(\boldsymbol{\Theta})$$

式中:α 称为"学习率",相当于每次梯度下降前进的步长。

3. 前向传播与反向传播

为了计算偏导数,首先应该计算得到 $J(\boldsymbol{\Theta})$,这个过程称为前向传播(Forward Propagation)。对于一个 4 层神经网络,一个前向传播的实例如图 5.7 所示。

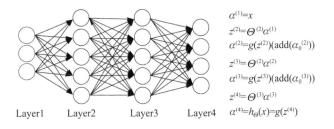

图 5.7　前向传播示意图

在前向传播中,通过对每层参数与输入数的矩阵乘法及激活函数,逐层由前向后计算出最后一层的值,然后将计算结果代入代价函数,便可计算出 $J(\boldsymbol{\Theta})$。

而对于分类误差 $\delta_j^{(l)}$ 的逐层推导,称为反向传播(Back Propagation)。反向传播的实例如图 5.8 所示。

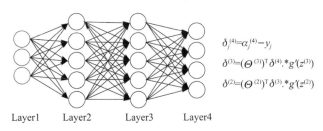

图 5.8　反向传播示意图

神经网络的训练过程,就是前向传播与反向传播的反复迭代过程。整个过程的表述如下:
① 假设训练集为 $\{(x^{(1)}, y^{(1)}), \cdots, (x^{(m)}, y^{(m)})\}$。
② 对于所有 i, j, l,先令 $\Delta_{ij}^{(l)} = 0$。

③ 对于 $i=1:m$，进行如下遍历：

令 $a^{(1)}=x^{(i)}$；

对 $a^{(l)}(l=2,3,\cdots,L)$ 进行前向传播计算；

根据 $y^{(i)}$，计算 $\delta^{(L)}=a^{(L)}-y^{(i)}$；

反向传播计算 $\delta^{(L-1)},\delta^{(L-2)},\cdots,\delta^{(2)}$；

令 $\Delta_{ij}^{(l)}=\Delta_{ij}^{(l)}+a_j^{(l)}\delta_i^{(l+1)}$；

添加正则化项：

$$D_{ij}^{(l)}=\frac{1}{m}\Delta_{ij}^{(l)}+\lambda\Theta_{ij}^{(l)} \quad (j\neq0)$$

$$D_{ij}^{(l)}=\frac{1}{m}\Delta_{ij}^{(l)} \quad (j=0)$$

最终有

$$\frac{\partial}{\partial\Theta_{ij}^{(l)}}J(\boldsymbol{\Theta})=D_{ij}^{(l)}$$

5.2.6 优 化

1. 随机初始化

任何优化算法都需要一些初始的参数。到目前为止我们均设置所有初始参数为 0，这样的初始方法对于逻辑回归来说是可行的，但是对于神经网络来说是不可行的。如果我们令所有的初始参数都为 0，这将意味着我们第二层的所有激活单元均会获得相同的值。同理，如果我们初始所有的参数都为一个非 0 的数，结果也是一样的。

因此，对于神经网络一般需要采用随机参数初始化的方法，即将所有参数均初始化为一个区间 $[-\epsilon,\epsilon]$ 上的随机值。

2. 过拟合

机器学习的主要目的是从训练集上学习到数据的真实模型，从而能够在未见过的测试集上也能够表现良好，这种能力叫作泛化能力。在这里首先介绍模型的容量。通俗地讲，模型的容量或表达能力是指模型拟合复杂函数的能力。一种体现模型容量的指标为模型的假设空间（Hypothesis Space）大小，即模型可以表示的函数集的大小。假设空间越大越完备，从假设空间中搜索出逼近真实模型的函数也就有可能；反之，如果假设空间非常受限，就很难从中找到逼近真实模型的函数。当模型的表达能力偏弱时，比如单一线性层，它只能学习到线性模型，无法良好地逼近非线性模型；当模型的表达能力过强时，它就有可能把训练集的噪声模态也学到，导致在测试集上面表现不佳的现象（泛化能力偏弱）。因此针对不同的任务，设计合适容量的模型算法才能取得较好的泛化性能。

当模型的容量过大时，网络模型除了学习到训练集数据的模态之外，还把额外的观测误差也学习进来，导致学习的模型在训练集上面表现较好，但是在未见的样本上表现不佳，也就是模型泛化能力偏弱，我们把这种现象叫作过拟合（Overfitting）。当模型的容量过小时，模型不能够很好地学习到训练集数据的模态，导致在训练集上表现不佳，同时在未见的样本上表现也不佳,我们把这种现象叫作欠拟合(Underfitting)。

这里用一个简单的例子来解释模型的容量与数据分布之间的关系。如图 5.9 绘制了某种数据的分布图,可以大致推测数据可能属于某 2 次多项式分布。如果用简单的线性函数去学习,则会发现很难学习到一个较好的函数,从而出现训练集和测试集表现都不理想的现象,如图 5.9(a)所示,这种现象叫作欠拟合。但如果用较复杂的函数模型去学习,则有可能学习到的函数会过度地"拟合"训练集样本,从而导致在测试集上表现不佳,如图 5.9(c)所示,这种现象叫作过拟合。只有当学习的模型和真实模型容量大致匹配时,模型才能具有较好的泛化能力,如图 5.9(b)所示。

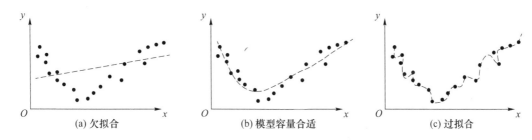

图 5.9　过拟合与欠拟合示意图

神经网络模型中过拟合与欠拟合产生的原因如下:

① 产生过拟合的根本原因:特征维度过多,模型假设过于复杂,参数过多,训练数据过少,噪声过多,导致拟合的函数完美地预测训练集,但对新数据的测试集预测结果差;过度地拟合了训练数据,而没有考虑到泛化能力。因此需要减少特征维度,或者正则化降低参数值。

② 欠拟合的根本原因:特征维度过少,模型过于简单,导致拟合的函数无法满足训练集,误差较大;因此需要增加特征维度,增加训练数据。

现代深度神经网络中过拟合现象非常容易出现,主要是因为神经网络的表达能力非常强,训练集样本数不够,很容易就出现神经网络的容量偏大的现象。因此在神经网络训练过程中要采取一些方法来避免过拟合。

(1) 交叉验证

交叉验证是指重复使用数据,把得到的样本数据进行切分,组合为不同的训练集和测试集,用训练集训练模型,用测试集来评估模型预测的好坏。由于在此基础上可以得到多组不同的训练集和测试集,某次训练集中的某样本在下次可能成为测试集中的样本,即所谓"交叉"。当数据量不是很充足的时候,会使用交叉验证。

(2) 正则化

正则化技术是指在损失函数后边加一个正则项来抑制过拟合问题,正则化的函数表达式为

$$L(x,y) = \sum_{i=1}^{n} \left[y_i - h_\theta(x_i) \right]^2 + \lambda J(f)$$

式中:$\sum_{i=1}^{n} \left[y_i - h_\theta(x_i) \right]^2$ 为损失函数;$\lambda J(f)$ 为正则化惩罚项。正则化惩罚项是可以变化的,常见的有 L1 正则化和 L2 正则化。

L1 正则化的公式如下,它的正则化惩罚项的目的是使权重绝对值最小化。

$$L(x,y) = \sum_{i=1}^{n} \left[y_i - h_\theta(x_i) \right]^2 + \lambda \sum_{i=1}^{n} |\theta_i|$$

L2 正则化的公式如下,它的正则化惩罚项的目的是使权重的平方最小化。

$$L(x,y) = \sum_{i=1}^{n} \left[y_i - h_\theta(x_i) \right]^2 + \lambda \sum_{i=1}^{n} \theta_i^2$$

L1 正则化和 L2 正则化如何选择取决于想要解决的问题。如果数据复杂且模型无法精确地建立时,常常选用 L2 正则化,因为其能够学习数据中的内在模式。而当数据较为简单,可以进行精确建模时,则选用 L1 正则化更为合适。另一方面,L2 正则化受极端数据影响较大,L1 正则化所受影响较小。

(3) Dropout

Dropout 法也被称为随机丢弃法,属于正则化方法的一种。L1 和 L2 正则化技术通过修改误差函数本身来减少过拟合,而 Dropout 则修改神经网络结构的本身。例如,在每次训练前随机删除一部分隐藏单元,而输入、输出层保持不变,因此每次可认为是训练不同的神经网络。不同的神经网络会以不同的方式发生过拟合,所以丢弃的净效应会减少过拟合的发生。Dropout 技术被证明可以减少很多的过拟合问题,因此也是目前应用较为广泛的技术之一。

除了上述介绍的三种方法外,还有早停(Early Stopping)、数据清洗、使用集成学习方法等减少过拟合问题的方法。

5.3 航空飞行器分类问题的程序解算

5.3.1 案例分析

在介绍完神经网络的基本结构与使用方法后,本节我们将通过神经网络实现航空飞行器分类任务。立足于深度学习在航空领域的应用,我们分类的数据集是由数千张不同种类的飞行器所组成的航空飞行器分类数据集。航空飞行器分类是图像分类领域的基础任务之一,可以被应用于机场管理、飞行器追踪等各种场合。同时,航空飞行器分类任务可以很好地检验各类机器学习算法的分类性能。由 5.2 节的介绍可知,神经网络同大部分机器学习算法一样分成学习和推理两个阶段进行。在本示例中,我们将首先对神经网络的结构进行定义,通过航空数据集进行训练并最终使用训练完成的神经网络对航空数据集中的不同种类飞行器进行分类。数据集中的部分图片如图 5.10 所示。

5.3.2 算法流程图

由神经网络对飞行器数据集进行分类的算法流程图如图 5.11 所示。

5.3.3 算法实现过程

在分类神经网络的隐含层与输出层我们分别使用 Sigmoid 与 Softmax 激活函数,通过使

图 5.10　飞行器数据集

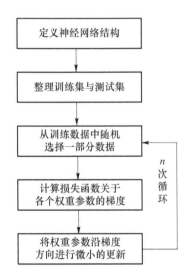

图 5.11　分类算法流程图

用 Python 中的科学计算库 Numpy，上述两个激活函数实现如下：

```python
def sigmoid(x):
    return 1 / (1 + np.exp(-x))
def softmax(x):
    if x.ndim == 2:
```

```
        x = x.T
        x = x - np.max(x, axis = 0)
        y = np.exp(x) / np.sum(np.exp(x), axis = 0)
        return y.T
    x = x - np.max(x)
    return np.exp(x) / np.sum(np.exp(x))
```

在进行分类任务前,需要对航空数据集进行适当的格式与批处理。本书提供了便利的 Python 脚本 utils,该脚本可支持对下载的航空数据集转换为 NumPy 数组并自行定义。使用 utils. py 时,当前目录必须是 ch01、ch02、ch03、…、ch08 目录中的一个。使用 utils. py 中的 load_a ircraft()函数就可以轻松读入航空数据集。

接下来,我们需要定义用于实现分类功能的神经网络结构。在本次实验中,神经网络的输入层有 1 296 个神经元,输出层有 30 个神经元。输入层的 1 296 这个数字来源于图像大小的 $36 \times 36 = 1\ 296$,输出层的 30 这个数字来源于 30 个类别的分类(数据集中共收集了 30 种不同飞行器各个角度与姿态的图像)。此外,这个神经网络有 2 个隐含层,第 1 个隐含层有 50 个神经元,第 2 个隐含层有 100 个神经元。这个 50 和 100 可以设置为任何值。下面将主要展示网络权重初始化、前向传播以及反向传播中的关键代码。

权重初始化代码如下:

```
class TwoLayerNet:
    def __init__(self, input_size, hidden_size, output_size, weight_init_std = 0.01):
        self.params = {}
        self.params['W1'] = weight_init_std * np.random.randn(input_size, hidden_size)
        self.params['b1'] = np.zeros(hidden_size)
        self.params['W2'] = weight_init_std * np.random.randn(hidden_size, output_size)
        self.params['b2'] = np.zeros(output_size)
```

前向传播代码如下:

```
def predict(self, x):
        W1, W2 = self.params['W1'], self.params['W2']
        b1, b2 = self.params['b1'], self.params['b2']
        a1 = np.dot(x, W1) + b1
        z1 = sigmoid(a1)
        a2 = np.dot(z1, W2) + b2
        y = softmax(a2)
        return y
```

反向误差计算与精度定义代码如下:

```
    def loss(self, x, t):
        y = self.predict(x)
        return cross_entropy_error(y, t)
    def accuracy(self, x, t):
```

```
    y = self.predict(x)
    y = np.argmax(y, axis = 1)
    t = np.argmax(t, axis = 1)
    accuracy = np.sum(y == t) / float(x.shape[0])
    return accuracy
```

数字梯度定义代码如下：

```
def numerical_gradient(self, x, t):
    loss_W = lambda W: self.loss(x, t)
    grads = {}
    grads['W1'] = numerical_gradient(loss_W, self.params['W1'])
    grads['b1'] = numerical_gradient(loss_W, self.params['b1'])
    grads['W2'] = numerical_gradient(loss_W, self.params['W2'])
    grads['b2'] = numerical_gradient(loss_W, self.params['b2'])
    return grads
def gradient(self, x, t):
    W1, W2 = self.params['W1'], self.params['W2']
    b1, b2 = self.params['b1'], self.params['b2']
    grads = {}
    batch_num = x.shape[0]
    # forward
    a1 = np.dot(x, W1) + b1
    z1 = sigmoid(a1)
    a2 = np.dot(z1, W2) + b2
    y = softmax(a2)
    # backward
    dy = (y - t) / batch_num
    grads['W2'] = np.dot(z1.T, dy)
    grads['b2'] = np.sum(dy, axis = 0)
    da1 = np.dot(dy, W2.T)
    dz1 = sigmoid_grad(a1) * da1
    grads['W1'] = np.dot(x.T, dz1)
    grads['b1'] = np.sum(dz1, axis = 0)
    return grads
```

通过对上述神经网络训练与预测所需要的重要部分的介绍，下面我们将主要介绍神经网络训练与预测主程序的代码实现逻辑。

神经网络的学习的实现使用的是前面介绍过的 mini－batch 学习。所谓 mini－batch 学习，就是从训练数据中随机选择一部分数据（称为 mini－batch），再以这些 mini－batch 为对象，使用梯度法更新参数的过程。下面，我们就以上述实现的 TwoLayerNet 类为对象，使用 MNIST 数据集进行学习。这里，mini－batch 的大小为 100，需要每次从 5 000 个训练数据中随机取出 100 个数据（图像数据和正确解标签数据）。然后，对这个包含 100 笔数据的 mini－batch 求梯度，使用随机梯度下降法（SGD）更新参数。这里，梯度法的更新次数（循环的次数）

为1000。每更新一次,都对训练数据计算损失函数的值,并把该值添加到数组中。

在神经网络的学习中,必须确认是否能够正确识别训练数据以外的其他数据,即确认是否会发生过拟合。过拟合是指,虽然训练数据中的数字图像能被正确辨别,但是会出现不在训练数据中的数字图像却无法被识别的现象。神经网络学习的最初目标是掌握泛化能力,因此,要评价神经网络的泛化能力,就必须使用不包含在训练数据中的数据。下面的代码在进行学习的过程中,会定期地对训练数据和测试数据记录识别精度。这里,每经过一个轮次(epoch),我们都会记录下训练数据和测试数据的识别精度。

神经网络训练主程序代码如下:

```python
import sys, os
sys.path.append(os.pardir)  #为了导入父目录的文件而进行的设定
import numpy as np
import matplotlib.pyplot as plt
fromutils import load_aircraft
from two_layer_net import TwoLayerNet
#读入数据
(x_train, t_train), (x_test, t_test) = load_aircraft(normalize = True, one_hot_label = True)
network = TwoLayerNet(input_size = 1296, hidden_size = 50, output_size = 30)
iters_num = 1000   #适当设定循环的次数
train_size = x_train.shape[0]
batch_size = 100
learning_rate = 0.1
train_loss_list = []
train_acc_list = []
test_acc_list = []
iter_per_epoch = max(train_size / batch_size, 1)
for i in range(iters_num):
    batch_mask = np.random.choice(train_size, batch_size)
    x_batch = x_train[batch_mask]
    t_batch = t_train[batch_mask]
    #计算梯度
    grad = network.gradient(x_batch, t_batch)
    #更新参数
    for key in ('W1', 'b1', 'W2', 'b2'):
        network.params[key] -= learning_rate * grad[key]
    loss = network.loss(x_batch, t_batch)
    train_loss_list.append(loss)

    if i % iter_per_epoch == 0:
        train_acc = network.accuracy(x_train, t_train)
        test_acc = network.accuracy(x_test, t_test)
        train_acc_list.append(train_acc)
        test_acc_list.append(test_acc)
```

```
        print("train acc, test acc | " + str(train_acc) + ", " + str(test_acc))
#绘制图形
markers = {'train':'o','test':'s'}
x = np.arange(len(train_acc_list))
plt.plot(x, train_acc_list, label='train acc')
plt.plot(x, test_acc_list, label='test acc', linestyle='--')
plt.xlabel("epochs")
plt.ylabel("accuracy")
plt.ylim(0, 1.0)
plt.legend(loc='lower right')
plt.show()
```

使用训练好的神经网络进行预测,需要定义 get_data()、init_network()、predict()这 3 个函数,init_network()读取学习到的权重参数 A 是保存在 pickle 文件 sample_weight.pkl 中的,文件 pickle 中以字典变量的形式保存了权重和偏置参数;get_data() 函数会调用上述定义的 load_aircraft 函数,对航空数据集进行加载与格式整理;predict() 函数会通过加载了训练权重 A 的神经网络对通过 get_data() 函数加载的测试数据集进行预测,得出预测分类结果。最后,我们用这 3 个函数来实现神经网络的推理处理,然后评价它的识别精度(accuracy),即能在多大程度上正确分类。

调用神经网络预测主程序代码如下:

```
import sys, os
sys.path.append(os.pardir)  #为了导入父目录的文件而进行的设定
import numpy as np
import pickle
fromutils import load_aircraft
from common.functions import sigmoid, softmax


def get_data():
    (x_train, t_train), (x_test, t_test) = load_aircraft(normalize=True, flatten=True, one_
hot_label=False)
    return x_test, t_test
def init_network():
    with open("sample_weight.pkl",'rb') as f:
        network = pickle.load(f)
return network

def predict(network, x):
    w1, w2, w3 = network['W1'], network['W2'], network['W3']
    b1, b2, b3 = network['b1'], network['b2'], network['b3']
    a1 = np.dot(x, w1) + b1
    z1 = sigmoid(a1)
    a2 = np.dot(z1, w2) + b2
```

```
    z2 = sigmoid(a2)
    a3 = np.dot(z2, w3) + b3
    y = softmax(a3)
    return y
x, t = get_data()
network = init_network()
batch_size = 100 #批数量
accuracy_cnt = 0
for i in range(0, len(x), batch_size):
    x_batch = x[i:i + batch_size]
    y_batch = predict(network, x_batch)
    p = np.argmax(y_batch, axis = 1)
    accuracy_cnt += np.sum(p == t[i:i + batch_size])
print("Accuracy:" + str(float(accuracy_cnt) / len(x)))
```

5.4 总 结

神经网络方面的研究很早就已出现了,今天"神经网络"已是一个相当大的、多学科交叉的学科领域,各相关学科对神经网络的定义多种多样,本章采用了目前使用最为广泛的一种定义方式,即神经网络是由具有适应性的简单单元组成的广泛并行互连的网络,它的组织能够模拟生物神经系统对真实世界物体所作出的交互反应。本章依次对神经元模型、训练集与测试集、前向与反向传播以及部分优化方法进行了详细介绍,同时通过算法详细解释了神经网络如何应用在航空飞行器分类问题上。对本章的知识点总结如图 5.12 所示。

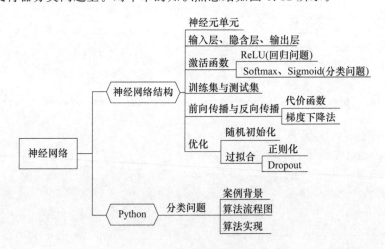

图 5.12 本章内容框架

5.5　作　业

根据本书提供的在 MATLAB 环境下编写的两层神经网络分类器的完整代码,以及 MNIST 手写字数据集的部分子集 ch5_neural_data1.mat,通过运行代码并进行参数调整,以优化分类器性能。

数据集介绍:

本实验使用的是 MNIST 手写字数据集的子集,存储在 ch5_neural_data1.mat 文件当中,样本个数为 4 000,每个样本有 400 个特征点(像素点),以及对应的标签。数据集中的部分图片如图 5.13 所示。

图 5.13　MNIST 数据集

作业说明:

请先尝试在计算机上运行程序 main.m。运行成功后,会得到训练准确率(Training Accuracy)和测试准确率(Test Accuracy),但数值会很低。

请调整程序中标明"可调整参数"的参数值,对分类器的性能进行优化。最终,我们会在训练好的模型上,用额外的测试样本测试分类性能,根据在额外测试样本上得到分类准确率,以及训练+测试耗费的总时长,对两个参数进行综合考量并进行最终评分。

注意:

相比训练准确率,应该更加关注测试准确率,因为分类器模型在不参与训练的数据集上的表现才能衡量其性能,我们最终使用的测试样本也不在原始数据集的范围之内。在调参过程中,请尽量最大化测试准确率并避免过拟合情况(训练准确率比测试准确率大很多)的出现。

请控制好程序的运行时间,尽量控制在半分钟以内。

请不要改动 main.m 程序以外的任何文件(建议只改动 5 个可调参数),以免测试时出现问题。

请于限定的时间内(20 分钟)完成任务,并及时上交程序。

可调参数说明:

测试集大小:在机器学习的训练过程中,应当把数据集划分为训练集和测试集,二者之间不应存在交集。如果没有测试集,那么我们将无法预知分类器在非训练数据上的分类准确率;但如果测试集太大而训练集太小,那么分类器性能将会因为得不到充分训练而使性能下降。因此,合理地按比例划分训练集和测试集是很重要的,建议训练集∶测试集的比例是 6∶4 到 8∶2 之间。

隐含层单元数:该参数是神经网络中隐含层的神经元个数。理论上,在一定范围内,神经元个数越多,分类器面对复杂数据集的拟合效果会越好;但神经元个数越多,计算量就越大,训练所花费的时间就越长。若模型太复杂但数据集不足,则还容易出现过拟合的情况。

正则化系数:控制代价函数(损失函数)中损失项和正则化项之间的比值。正则化系数越大,模型对过拟合的抑制就越强,但太大会导致训练不充分,影响分类器性能。

迭代步数:梯度下降更新参数的迭代次数。迭代步数太小会导致训练不充分,太大则会导致无谓地浪费训练时间,甚至产生过拟合。应当通过观察代价函数随迭代步数的变化曲线以及代价函数数值(cost)的收敛情况,当代价函数基本不变时,模型基本达到收敛,此时应停止训练。

学习率:学习率相当于每次迭代前进的步长。学习率太大会导致模型无法收敛甚至发散;学习率太小则会产生训练效率太低,收敛缓慢的问题。请通过观察代价函数数值变化及代价函数随迭代步数的变化曲线来调整学习率,如果模型的代价函数收敛缓慢,则此时学习率过小;如果模型的代价函数增大甚至达到无穷大(NaN),则此时学习率过大。

结果提交说明:

请仔细阅读程序,结合课堂内容,根据程序算法的结构画出算法的流程图。请将算法的流程图、调好参的.m 文件以及程序的运行结果(分类准确率)作为本次作业,并整理成 Word 文档上交。

5.6　知识扩展

除本书以上的介绍之外,可参考的学习资料如下:

Haykin 在 1998 年出版的 *Neural Networks* 是一本非常值得参考的神经网络教科书。

Bishop 在 1995 年出版的 *Nerual Networks for Pattern Recognition* 及在 2007 年出版的 *Pattern Recognition and Machine Learning* 均是关于机器学习和模式识别相关知识的优秀著作。

神经网络领域可参考的主流学术期刊有:*Neural Computation*、*Neural Networks*、*IEEE Transactions on Neural Networks* 以及 *Learning Systems*。

另外,同学们还可以关注以下这些国际学术会议和区域性国际会议:

国际学术会议主要有国际神经信息处理系统会议(NIPS)和国际神经网络联合会议(IJCNN);

区域性国际会议主要有欧洲神经网络会议(ICANN)和亚太神经网络会议(ICONIP)。

第6章 聚类——航天器零部件包装标准化方法

机器学习中有两大类问题,一个是分类,一个是聚类。分类属于监督学习,聚类属于无监督学习。在监督学习中,训练样本中包含一些已知的标记信息,其目标是使学习模型通过对有标记信息样本的学习,实现对未知标记的样本进行分类。在无监督学习中,训练样本不包含标记信息,其目标是使学习模型通过对无标记训练样本的学习来获得数据之间的内部联系或性质,并将数据集划分成若干个子集,每个子集叫作"簇"(cluster),每个簇内的数据具有非常相似的特性,而不同簇中的数据点具有较大差别。

聚类方法在航空航天中使用非常广泛,在零部件的故障诊断、航空航天大数据分析、飞行安全评估、遥感数据分析、航空发动机寿命预测与维修决策、货运网络布局等领域都有应用。在航天器的生产加工过程中,也可应用聚类方法,对零部件运输中的包装尺寸、材料、方式等进行标准化,可以使包装规格种类适当、形状规范,提高装箱效率降低物流运输成本。本章将结合航天器零部件包装的标准化问题,介绍聚类算法的基本理论及应用方法。

6.1 航天器零部件货运装箱背景

航天器零部件多,在测试、生产过程中,需在零部件生产车间、测试工厂、装配车间之间运输,运输过程根据零部件结构、尺寸、材料等特性,使用多种不同规格的包装材料,包括纸箱、木箱、塑料包装箱等,实现零部件产品的外观与功能不受破坏,实现产品的高效周转。不同结构形式、尺寸的航天器零部件如图 6.1 所示。目前,对于零部件包装标准化方面的要求,主要集中在政府、行业和企业的指导性建议上,在操作层面上的建议较少,多数时候,物流人员会根据自身工作经验确定产品的包装类型和包装方式,这种方法虽然能满足要求,但作为一种纯经验方法,对人员能力有较强的依赖性,而经验不足的人员往往会导致包装效果差,物流效率低,直接影响物流等待时间,甚至影响产品运输安全。

图 6.1 不同结构形式、尺寸的航天器零部件

随着航天事业的快速发展,航天器的规格、种类和数量越来越多,相关的测试、装配等任务日益繁重,提高运输效率,确保运输安全成为人们需要考虑的一个重要内容。

6.2　聚类理论

聚类的任务就是将数据集中的样本划分为不同的分组,是一种无监督学习方法。在一个典型的监督学习中,如图 6.2(a)所示,训练集带有一系列标签,需要此拟合一个假设函数对数据进行分类。而在无监督学习中,如图 6.2(b)所示,数据没有附带任何标签,需将这一系列无标签的训练数据,输入到一个算法中,通过这个算法寻找这个数据集的内在结构。图 6.2(b)上的数据看起来可以分成两个分开的点集,称为簇(cluster),一个能够圈出这些点集的算法,就被称为聚类算法。

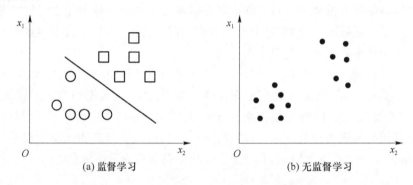

(a) 监督学习　　　　　　　　　　　(b) 无监督学习

图 6.2　监督学习与无监督学习的对比

假定包含 m 个无标签样本的数据集 $D = \{x^{(1)}, x^{(2)}, x^{(3)}, \cdots, x^{(m)}\}$,每个样本是一个 n 维的特征向量,则聚类算法是一种可将数据集 D 划分为指定的 k 个簇 $\{C_j | j = 1, 2, \cdots, k\}$,且 $C_j \bigcap C_{j'} = \varnothing \, (j \neq j')$,即各个簇不相交的算法。聚类算法执行完毕后,数据集中的每个样本被分配一个"簇标记"数字 $\lambda_j (j = 1, 2, \cdots, k)$,用于表示这个样本属于哪一个簇。具体应用时,基于不同的学习策略,人们设计了不同的聚类算法,常见的有 K 均值算法、DBSCAN 算法、凝聚聚类算法等,每种算法都有不同的优点,适合不同的应用场合。本章首先介绍 K 均值算法,并基于 K 均值算法实现航天器零部件包装的标准化,后续再介绍另外两种常见的聚类方法。

6.3　K 均值算法

K 均值算法是最简单也是最常用的一种聚类算法,它的基本思想是:通过迭代寻找数据特定区域的 K 个聚类中心(也称为簇中心),使得用这 K 个聚类的均值来代表相应各类样本时所得的总体误差值最小。

在介绍 K 均值算法前,我们先来讨论 K 均值算法所涉及的距离计算的问题。

通常,对于给定样本 $x^{(i)} = (x_1^{(i)}, x_2^{(i)}, x_3^{(i)}, \cdots, x_n^{(i)})$, $x^{(j)} = (x_1^{(j)}, x_2^{(j)}, x_3^{(j)}, \cdots, x_n^{(j)})$,最常使用的距离是欧式距离,其计算公式如下:

$$\text{dist}(x^{(i)}, x^{(j)}) = \|x^{(i)} - x^{(j)}\| = \sqrt{\sum_{u=1}^{n} |x_u^{(i)} - x_u^{(j)}|^2}$$

在 K 均值算法中,我们采用样本与聚类中心之间的距离来定义样本和某聚类之间的相似度度量,距离越大,相似度越小;距离越小,相似度越大。

6.3.1　算法基础

K 均值算法的基础就是基于欧式距离的最小误差平方和准则。其代价函数为

$$J(c,\mu) = \sum_{i=1}^{k} \sum_{x \in c^{(i)}} \| \boldsymbol{x}^{(i)} - \boldsymbol{\mu}_{c^{(i)}} \|^2$$

式中:$\boldsymbol{\mu}_{c^{(i)}}$ 表示第 i 个聚类的均值向量。我们希望代价函数最小,直观来说,各类内的样本越相似,其与该类均值间的误差平方越小,对所有类所得到的误差平方求和,即可验证分为 K 类中的某一类时,各聚类是否是最优的。

上式的代价函数的最小化问题是一个 NP 问题,无法用解析的方法最小化,为此,K 均值算法采用迭代优化来近似求解。

6.3.2　算法流程

K 均值算法是将样本聚类成 K 个簇,其中 K 是用户给定的,其求解过程非常直观简单,具体算法描述如下:

① 从数据集 $D = \{\boldsymbol{x}^{(1)}, \boldsymbol{x}^{(2)}, \boldsymbol{x}^{(3)}, \cdots, \boldsymbol{x}^{(m)}\}$ 中随机选取 K 个样本作为初始的聚类质心点 $\boldsymbol{\mu}_j$ $(j = 1, 2, \cdots, k)$。

② 重复下面过程直到收敛:

{

　　① 对于每一个样例 i,计算其应该属于的类:
$$\boldsymbol{c}(i) := \arg\min_j \| \boldsymbol{x}^{(i)} - \boldsymbol{\mu}_j \|^2$$

上式表示计算样本 $x^{(i)}$ 与各个聚类点 μ_j 的距离,并且将 $x^{(i)}$ 划分到预期距离最近的聚类。

　　② 对于每一个类 j,重新计算该类的质心:
$$\boldsymbol{\mu}_j := \frac{\sum_{i=1}^{m} l\{\boldsymbol{c}^{(i)} = j\} \boldsymbol{x}^{(i)}}{\sum_{i=1}^{m} l\{\boldsymbol{c}^{(i)} = j\}}$$

}

其伪代码如下:

```
**************************************************************
创建 k 个点作为初始的质心点(随机选择)
当任意一个点的簇分配结果发生改变时
    对数据集中的每一个数据点
        对每一个质心
            计算质心与数据点的距离
        将数据点分配到距离最近的簇
    对每一个簇,计算簇中所有点的均值,并将均值作为质心
**************************************************************
```

其中,第一个循环是赋值步骤,即对于每一个样例 i,计算其应该属于的类;第二个循环是聚类中心的移动,即对于每一个类 k,重新计算该类的质心。

图 6.3 展示了对 n 个样本点进行 K 均值聚类的效果,这里 k 取 4,聚类中心用菱形表示,数据点用圆形表示,相同灰度的数据点属于相同的聚类。

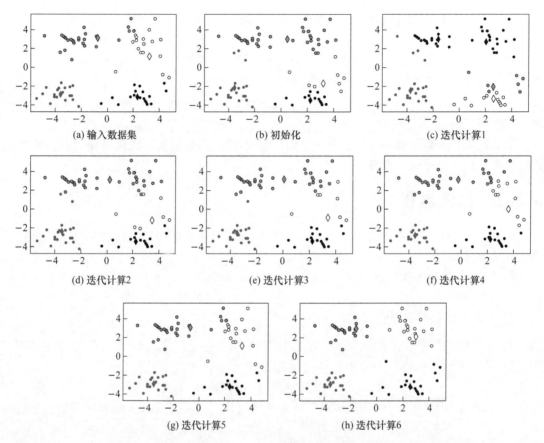

图 6.3　K 均值算法计算过程

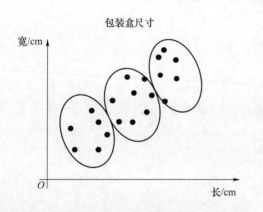

图 6.4　采用 K 均值算法确定零件包装盒尺寸

K 均值算法可以很方便地将具有明显区分的数据分为许多不同的簇,使相同簇内的数据具有相似的特性,而不同簇的数据具有不同的特性。除此之外,K 均值算法也可以在没有明显区分的数据集中使用。图 6.4 所示的数据集包含某批零件的长度和宽度两项特征,利用 K 均值算法可将数据分为三类,用于帮助确定将要采购的用于包装零件的包装盒底面尺寸。

6.3.3　优化目标

K 均值最小化问题,是要最小化所有的数据点与其所关联的聚类中心点之间的距离之和,因此 K 均值的代价函数(又称畸变函数,Distortion Function)为

$$J(c^{(1)},\cdots,c^{(m)},\boldsymbol{\mu}_1,\cdots,\boldsymbol{\mu}_k)=\frac{1}{m}\sum_{i=1}^{k}\sum_{x\in c^{(i)}}\|x^{(i)}-\boldsymbol{\mu}_{c^{(i)}}\|^2$$

式中:$\boldsymbol{\mu}_{c^{(i)}}$ 代表与 $x^{(i)}$ 最近的聚类中心点。我们的优化目标是找出使得代价函数最小的 $c^{(1)}$,$c^{(2)}\cdots,c^{(m)}$ 和 $\boldsymbol{\mu}_1,\boldsymbol{\mu}_2\cdots,\boldsymbol{\mu}_k$:

$$\min_{\substack{c^{(1)},\cdots,c^{(m)},\\ \boldsymbol{\mu}_1,\cdots,\boldsymbol{\mu}_k}}J(c^{(1)},\cdots,c^{(m)},\boldsymbol{\mu}_1,\cdots,\boldsymbol{\mu}_k)$$

回顾刚才给出的 K 均值迭代算法,第一个循环是用于减小 $c^{(i)}$ 引起的代价,而第二个循环则是用于减小 μ_i 引起的代价。迭代的过程一定会是每一次迭代都在减小代价函数,不然便会出现错误。

6.3.4　聚类中心初始化

在运行 K 均值算法之前,需要先初始化 K 个聚类中心点,这 K 个聚类中心点的选择方法如下:

① 选择 $K<m$,即聚类中心点的个数要小于所有数据集样本的数量;

② 随机选择 K 个数据集样本,然后令 K 个聚类中心分别与这 K 个数据集样本相等。

由于 K 个聚类中心随机选择,不同的初始化情况可能会导致不同的聚类结果。图 6.5 展示了 K 均值可能会因为随机选择的聚类中心不恰当,而使聚类算法最终停留在一个局部最小值处。

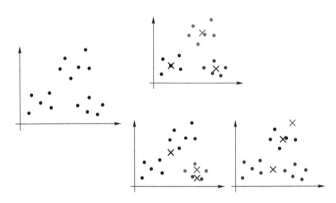

图 6.5　K 均值的局部最优问题

为解决这个问题,可多次运行 K 均值算法,每一次重新进行随机初始化,最后再比较多次 K 均值算法的结果,选择代价函数最小的结果作为最终的簇划分。但也要注意,这种方法在 K 值较小(2～10)的时候是可行的,但如果 K 值较大,那么这么做一般也不能解决局部最优的问题。

6.3.5 选择聚类数

聚类数目 K 的选择，一般需要根据不同的问题，人工进行选择。选择的时候考虑使用 K 均值算法聚类的需求和目的，然后选择最能满足实际应用需求的聚类数。如人工方法仍难以确定聚类数时，还可以采用"肘部法则"来确定 K 值。

采用"肘部法则"确定聚类数时，需不断改变 K 值，也就是聚类类别数目的总数，每选择一个 K 值，运行一次聚类算法，得到该 K 值下的代价函数 J，最终可绘制如图6.6所示的代价函数 J 与聚类数 K 的关系曲线。

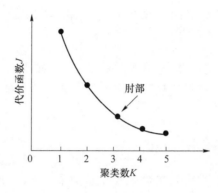

图6.6 肘部法则

如图6.6所示，代价函数 J 随聚类数 K 下降，且当 K 从1到2，从2到3时，J 迅速下降，在3之后，J 值的下降变慢，我们把3这个点称为"肘点"。很多时候，如果得到了一个类似图6.6的曲线，那么采用"肘点"处对应的聚类数 K 进行聚类往往是比较合适的。

6.4 航天器零部件包装标准化问题示例

航天器零部件的包装属于面对生产搬运相关人员的物流包装，其目的就是为了确保产品在运输和仓储过程中外观和功能完好，同时提高搬运效率，加快周转流通。它是物流系统的重要组成部分，大多数零部件必须要经过包装环节之后，才可以开始运输活动。包装标准化指的是为了实现物流系统的高效性和合理性，在运输过程中，对包装材料、包装尺寸和包装方式的标准化。其中，包装尺寸标准化最主要的就是对产品包装尺寸规格进行标准化，确保零部件与包装容器的尺寸相匹配；包装材料的标准化则需在综合考虑承重、保护性能和成本之间进行优选，如电气插头使用纸盒包装，电器设备选用内嵌珍珠棉的铝合金包装箱等，如图6.7所示。

图6.7 不同零部件产品的包装箱

航天器零件种类多，如每种零件都采用不同的包装方法和包装材料，不仅成本高，而且不便于装箱运输，也不便于形成标准化的作业操作指导。本章采用聚类算法，以零部件的体积、重量要素为例，对聚类算法的初始化、聚类数选择等进行了说明。

6.4.1　案例分析

　　某航天器零部件生产企业生产零件有近千种,各零件需装箱后运至第三方。这些零部件大部分使用纸箱包装,为减少纸箱种类,便于物流运输与装箱操作,需对纸箱尺寸进行标准化。为简化起见,本章仅讨论零部件的长、宽、高三个属性,通过聚类操作,选取 3 类包装箱外形尺寸。表 6.1 列出了其中 50 种零部件尺寸。

表 6.1　零部件几何尺寸数据

样本编号	长/mm	宽/mm	厚/mm
1	163	57	2
2	314	291	287
3	281	145	90
4	246	149	26
5	137	118	101
6	201	36	26
7	157	26	4
8	454	428	285
9	432	97	62
10	430	117	104
⋮	⋮	⋮	⋮
49	377	149	90
50	430	415	236

6.4.2　基于聚类算法的航天器零部件包装标准化

　　采用 K 均值算法可将相似度较高的对象归类至同一簇中。其中,K 代表簇的个数。考虑6.4.1 小节所述问题,K 取值为 3,处理过程包括以下 4 个步骤:

　　① 从数据集中随机选择 K 个点作为聚类中心;

　　② 计算数据集中每个点到 K 个聚类中心的距离,并将该点分配至与这个点距离最近的聚类中心所在的簇;

　　③ 将 K 个簇的聚类中心坐标更新为各簇所有数据集样本的平均值;

　　④ 重复步骤②和步骤③,直到每一簇聚类中心在相邻两次的迭代变化不大为止。

　　基于 K 均值算法的基本思想,具体的 Python 实现如下:

　　① 数据输入。

```
inFile = "inputData.txt"          # 数据集文件
dataSet = loadDataSet(inFile)     # 载入数据集
```

　　② 初始化聚类中心点。

```
centroidList = initCentroids(dataSet, 3)
```
InitCentroids 函数实现如下：
```
def initCentroids(dataSet, k):          ♯初始化k个质心,随机获取
    return random.sample(dataSet, k)    ♯从 dataSet 中随机获取 k 个数据项返回
```

③ 将数据点分配给最近的聚类中心。

```
clusterDict = minDistance(dataSet, centroidList)   ♯第一次聚类迭代
```

minDistance 函数对每个属于 dataSet 的数据样本,计算该样本与 centroidList 中 k 个质心的欧式距离,找出距离最小的,并将该样本加入相应的簇中。

④ 计算当前代价函数。

```
newVar = getVar(clusterDict, centroidList)
```

getVar 函数将簇类中各个样本与聚类中心的距离进行累加求和。

⑤ 获得新的聚类中心。

```
centroidList = getCentroids(clusterDict)
```

getCentroids 函数计算各簇数据的平均值,并将其赋值给聚类中心 centroidList。

重复步骤③、④、⑤直到相邻两次的代价函数之差不再变化或变化很小为止。

针对本案例,数据如表 6.1 所列,当 $K=3$ 时,聚类处理结果如图 6.8 所示,50 种零件根据其长、宽、高尺寸,采用 K 均值算法,可聚类为 3 类。基于 3 个簇中每个簇的最大长、宽、高尺寸即可获得用于该簇零部件的纸箱尺寸。

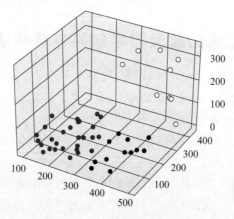

图 6.8　聚类算法处理结果

除了根据算法原理编写 Python 程序来实现 K 均值算法外,使用 scikit - learn 机器学习库可更为简单地实现 K 均值算法。

① 将 KMeans 类实例化,并设置好聚类中心数 K。

```
kmeans = KMeans( n_clusters = 3 )
```

② 对 kmeans 调用 fit 方法。

```
kmeans.fit( dataset )
```

使用 fit 方法调用后,将为 dataset 中的每个数据样本分配一个簇标签,该标签可在 kmeans.labels_属性中进行查看,如下:

```
print( "Cluster ID:\n{}".format(kmeans.labels_))
```

③ 调用 predict 方法为新数据点分配簇标签。

```
kmeans.predict(dataset)
```

6.5　总　结

聚类是一种无监督学习方法,可用于数据的探索性分析和预处理,是加深对数据理解的一种重要方法。本章首先介绍了监督学习和无监督学习的特点;然后详细介绍了一种最简单也最为常用的 K 均值聚类算法的算法基础、算法流程、优化目标等;最后介绍了 K 均值算法在实际应用过程中的使用。本章知识点总结如图 6.9 所示。

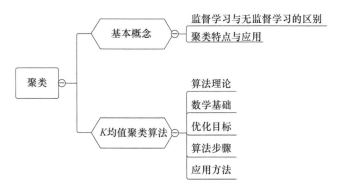

图 6.9　本章知识点总结

6.6　作　业

1. 采用 Python 语言编写 K 均值算法中的关键函数:
① 用 initCentroids 随机初始化聚类中心函数。
② 用 minDistance 计算数据集与各聚类中心距离,并给数据集中每个样本赋给一个簇标记。
③ 用 getVar 计算各个数据样本与聚类中心的距离累加和。
2. 根据 K 均值算法流程,将数据源 ch6_kmeans_data1.txt 中的数据,按聚类数 $K=6$,输出聚类中心点坐标和聚类后的图形。

6.7 知识扩展

1. 基于密度的聚类算法(DBSCAN)

DBSCAN(Density - Based Spatial Clustering of Application with Noise)是一种常用的密度聚类算法,它基于邻域参数来确定样本分布的紧密程度,其主要优点是不需要用户去确定簇的个数,可以找出不属于任何簇的点,还可以划分比较复杂的簇。基于密度的聚类算法通过样本分布的紧密程度确定,其算法思想是:只要样本点的密度大于阈值,就将该样本点加到最近的簇中。为说明 DBSCAN 算法,首先介绍以下几个概念:

① ε-邻域,指的是在数据集中,所有到 x_i 数据点的距离小于 ε 的数据样本的集合。

② 核心对象,如果样本点 $x^{(i)}$ 的 ε-邻域中包含的样本个数大于或等于指定值 m,则该点 $x^{(i)}$ 称为核心点。

③ 密度直达,样本点 $x^{(i)}$ 在样本点 $x^{(j)}$ 的 ε-邻域中,且样本点 $x^{(j)}$ 是核心对象,则称样本点 $x^{(i)}$ 由 $x^{(j)}$ 密度直达。

④ 密度可达,对于样本点 $x^{(i)}$ 与 $x^{(j)}$,如存在样本序列 $p^{(1)}, p^{(2)}, \cdots, p^{(n)}, x^{(i)} = p^{(1)}, x^{(j)} = p^{(n)}$,且 $p^{(i+1)}$ 由 $p^{(i)}$ 密度直达,则称样本点 $x^{(i)}$ 由 $x^{(j)}$ 密度可达。

DBSCAN 就是将数据集中的密度可达的所有样本点划分为一个簇,某些样本密度可达形成一个簇,另外一些样本点又可以密度可达就又形成另外一个簇。簇内样本点均密度可达,但是簇内的样本点与其他簇的样本点无法可达,最后形成多个簇类。

算法过程如下:

① 首先找出各样本的 ε 邻域,如果得到的邻域内点的数量小于阈值,则这个点被标记为噪声;如果达到阈值,则此点成为核心对象,由此确定核心对象集合。

② 从核心对象集合中随机选取一个核心对象,找出由它密度可达的所有样本,并分配一个新的簇标签。

③ 将步骤②中找到的聚类簇中包含的核心对象从核心对象集合中去除。

④ 重复步骤②、③直到核心对象集合为空。

DBSCAN 生成聚类簇的过程如图 6.10 所示。

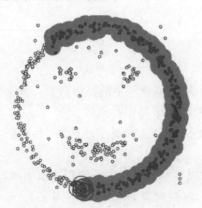

图 6.10 DBSCAN 算法示例

DBSCAN 算法最大的优点在于无需定义类的数量,其次可以识别出局外点和噪声点,并且可以对任意形状的数据进行聚类;其缺点在于,当数据密度变化剧烈时,不同类别的密度阈值点和邻域半径会产生很大的变化,同时在高维空间中准确估计邻域半径也较为困难。

2. K 中值算法

K 均值算法在理解和实现上都十分简单,但缺点却也十分明显,十分依赖于初始给定的聚类数目;同时随机初始化可能会生成不同的聚类效果,所以它缺乏重复性和连续性。

与 K 均值类似的 K 中值算法,在计算过程中利用中值来计算聚类中心,使得局外点对它的影响大大减弱;但每一次循环计算中值矢量带来了计算速度的极大下降。

3. 均值漂移算法

均值漂移算法是一种基于滑动窗口的均值算法,该算法可用于寻找数据点中密度最大的区域。其目标是找出每一个类的中心点,并通过计算滑窗内点的均值更新滑窗的中心点。最终消除邻近重复值的影响并形成中心点,找到其对应的类别,如图 6.11 所示。

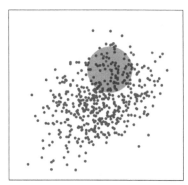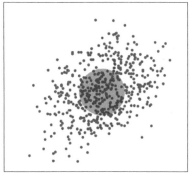

图 6.11　均值漂移算法示例

其算法步骤如下:

① 首先以随机选取的点为圆心、r 为半径做一个圆形的滑窗。其目标是找出数据点中密度最高点并作为中心。

② 在每个迭代后滑动窗口的中心向着较高密度的方向移动。

③ 连续移动,直到任何方向的移动都不能增加滑窗中点的数量,此时滑窗收敛。

④ 将上述步骤在多个滑窗上进行以覆盖所有的点。当多个滑窗收敛重叠时,其经过的点将会通过其滑窗聚类为一个类。

均值漂移算法与 K 均值相比最大的优点是无需指定聚类数目,聚类中心处于最高密度处也是符合直觉认知的结果。但其最大的缺点在于滑窗大小 r 的选取对于结果有着很大的影响。

第 7 章 降维——涡扇发动机状态预测

在许多应用领域中,通常需要对多个变量进行持续观测,并根据收集到的大量数据进行后续分析,寻找其中的规律。大量的数据集可为问题的分析提供丰富的信息,但是也在一定程度上增加了数据采集、处理和分析的难度。多数情况下,众多变量数据存在冗余信息,但又存在相关性。因此需要找到一种方法,在减少数据集变量个数的同时,尽量减少原变量数据中的信息损失,实现对所收集数据快速且全面的分析。降维是一种对高维度特征数据进行处理的方法,是一种进行数据集变换的无监督学习方法,它可去除高维度数据集中的噪声和不重要的特征,并保留下最重要的一些特征,从而实现提升数据处理速度的目的。

航空发动机的核心系统结构复杂,在高温、高压、高转速的恶劣条件下长时间工作,对飞行安全的影响较大。为了对其状态进行监测,会在航空发动机中安装数十种传感器,运行过程中会产生大量的数据。如何利用这些数据来预测发动机的运行状态,保障航空器安全是现在和未来行业的技术发展方向。采用人工智能数据分析方法实现航空发动机运行数据的可视化是实现航空发动机状态监控、故障诊断以及性能预测的重要技术路径。采用降维算法,将发动机的传感器数据压缩至二维、三维,实现状态的可视化,可帮助使用人员直接判断航空发动机的健康状况和性能趋势,并对发动机的使用和维护提供重要依据。

7.1 降维的基本概念

降维算法,正如其字面含义,是一种减少数据集维度的算法。它可接受包含许多特征的高维数据集,并采用一种方法减少数据集的特征,概括出其重要特性,从而保证通过较少的数据仍能将重要信息表达出来。人们采用降维算法通常有两个目的:一个目的是数据压缩,数据压缩不仅允许我们压缩数据,使用较少的计算机内存或磁盘空间,也可以加快学习算法运行效率;另一个目的就是数据可视化,在许多机器学习问题中,样本有很多特征,看起来凌乱,无法直观地获取数据之间的联系,人们很难抓住数据集要表达的主要含义,使用降维方法可将数据集降至三维或二维,即可将其可视化。

7.1.1 数据压缩

假设一个数据集 D 包含两个特征 x_1 和 x_2,如图 7.1 所示。由图 7.1 可以看出,数据集 D 中的两个特征并不是独立的特征,相反特征 x_1 和 x_2 是高度冗余的。对于这个数据集,可以将其二维特征 (x_1, x_2) 映射到一维直线 z_1,只用一个特征 z_1 来表示。

图 7.2 中,数据集包含 3 个特征 x_1、x_2 和 x_3,且数据集的样本近似分布在一个平面,为此,我们可将数据从三维降至二维,过程与上面类似,通过将三维特征 x_1、x_2 和 x_3 投射到一个二维

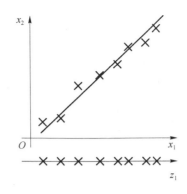

图 7.1　数据压缩问题（二维转一维）

平面z_1和z_2上，使得所有的数据都在同一个平面上，只用两个特征来表示。

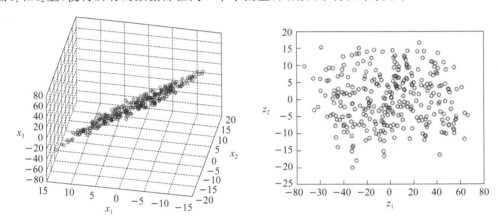

图 7.2　数据压缩问题（三维转二维）

从上述例子可以看到，一个机器学习问题可能包含几百或成千上万的特征，且不同的解决思路选取的特征和特征数量也不完全相同，这些特征往往是高度冗余的，如对所有的特征都进行分析将非常困难。采用降维算法，将数据的维度降低，同样能够获得对问题的正确描述，不仅可以方便人们发现问题，也有利于提高数据处理的效率。

7.1.2　数据可视化

如图 7.3 所示，左边的表格是传感器输出的三维点云数据，直接分析该点云数据，很难知道这些数据代表的含义；右图是该点云数据对应的三维可视化图形，可见，数据可视化非常有利于人们分析和处理问题。

降维的一个常见应用就是数据可视化。首先看一个表格，如表 7.1 所列，我们有初中某一班级的学生信息，每条学生信息包括体重、身高、视力、跳远成绩、短跑成绩等 20 条数据，如果要将这个班级所有学生的 20 维数据进行可视化是不可能的。但如果使用降维方法，将其降至三维或是二维，便可获得其图形（见图 7.4），从而有利于后续问题的分析和处理。

点云数据		
22.780	22.920	23.120
58.880	58.660	58.680
37.860	37.510	38.150
39.820	39.910	39.950
46.300	46.390	46.400
39.850	39.990	39.830
42.700	42.640	42.690
44.070	44.210	44.420
49.730	49.470	49.670
50.520	50.140	50.930
90.240	90.350	90.600
90.970	90.000	91.100
69.410	69.450	69.410
70.960	70.110	71.090
83.120	83.040	82.870
54.230	54.310	54.440
23.730	23.710	23.690
43.320	43.160	42.910
33.260	32.890	33.140
17.940	17.990	18.340
20.570	20.640	20.540
11.700	11.590	11.780

三维数据可视化

图 7.3　三维数据可视化示例

表 7.1　某初中班级学生相关信息

姓　名	体重/kg	身高/cm	视　力	跳远/m	短　跑	…
小张	52	168	4.9	2.4	12 min 2 s	…
小王	49	170	5.1	2.3	11 min 8 s	…
小李	55	163	4.3	2.5	12 min 0 s	…
小赵	63	175	5.0	2.7	11 min 1 s	…
小孙	71	178	5.0	2.7	11 min 3 s	…
…	…	…	…	…	…	…

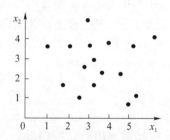

图 7.4　多维数据的可视化

7.2　主成分分析(PCA)算法

主成分分析(Principal Components Analysis，PCA)，是一种常用的降维方法。对于一组不同维度之间可能存在线性相关关系的数据，PCA 能够把这组数据通过正交变换变成各个维度之间线性无关的数据，经过 PCA 处理的数据中的各个样本之间的关系往往更直观，所以它是一种非常常用的数据分析和预处理工具。PCA 处理之后的数据各个维度之间是线性无关的,通过剔除方差较小的那些维度上的数据,我们可以达到数据降维的目的。

7.2.1　主成分分析算法简述

主成分分析(PCA)是一种基于协方差矩阵对数据进行压缩降维、去噪的有效方法,其算法思想是将 n 维特征映射到 $k(k<n)$ 维上,这 k 维特征称为主元(主成分),是旧特征的线性组合。这 k 维是全新的正交特征,是重新构造出来的 k 维特征,而不是简单地从 n 维特征中去除其余 $n-k$ 维特征。为了说明主成分分析算法,下面先介绍与算法相关的一些概念。

1. 内积与投影

两个维数相同的向量的内积被定义为

$$(a_1,a_2,\cdots,a_n)^{\mathrm{T}} \cdot (b_1,b_2,\cdots,b_n)^{\mathrm{T}}=a_1b_1+a_2b_2+\cdots+a_nb_n$$

内积运算将两个向量映射为一个实数,其计算方式非常容易理解,但是其意义并不明显,下面我们分析内积的几何意义。假设 A 和 B 是两个 n 维向量,我们知道 n 维向量可以等价表示为 n 维空间中的一条从原点发射的有向线段。为了简单起见,假设 A 和 B 均为二维向量,即

$$A=(x_1,y_1),\quad B=(x_2,y_2)$$

则在二维平面上 A 和 B 可以用两条发自原点的有向线段表示,如图 7.5 所示。

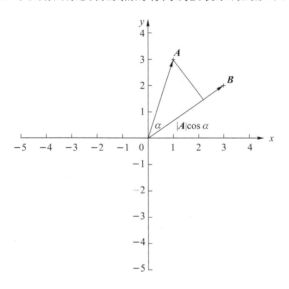

图 7.5　内积与投影

如果从 A 点向 B 所在直线引入一条垂线,则垂线与 B 所在直线的交点叫作 A 在 B 上的投影,再假设 A 与 B 的夹角为 α,则投影的矢量长度为(设向量 B 的模为 1)

$$|A|\cos \alpha$$

其中,$|A|=\sqrt{x_1^2+y_1^2}$ 是向量 A 的模,即 A 所在线段的标量长度。

注意这里区分了矢量长度和标量长度,标量长度总是大于或等于 0,值就是线段的长度;而矢量长度可能为负,其绝对值是线性长度,而符号取决于其方向与标准方向相同或者相反。

A 与 B 的内积则可表示为

$$A \cdot B=|A||B|\cos \alpha$$

即 A 与 B 的内积等于 A 到 B 的投影长度乘以 B 的模,再进一步,设 B 的模为 1,即让 $|B|=1$,可得 A 与 B 的内积为

$$A \cdot B = |A| \cos \alpha$$

2. 基

一个二维向量可以对应二维笛卡儿直角坐标系中从原点出发的一条有向线段,如图 7.6 所示。

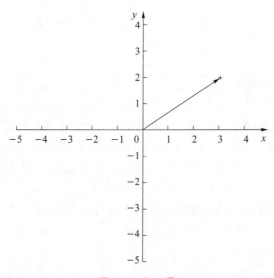

图 7.6　向　量

在代数表示方面,可使用线段终点的坐标表示向量,如上面的向量可以表示为 (3,2),这里的坐标 (3,2) 实际上表示的是向量在 x 轴上的投影值为 3,在 y 轴上的投影值为 2。也就是说,如果以 x 轴和 y 轴上正方向长度为 1 的向量为标准,那么一个向量 (3,2) 实际上是在 x 轴投影为 3,在 y 轴投影为 2,即向量 (x,y) 实际上表示线性组合,即

$$x(1,0)^{\mathrm{T}} + y(0,1)^{\mathrm{T}}$$

此处 (1,0) 和 (0,1) 叫作二维空间的一组基,如图 7.7 所示。

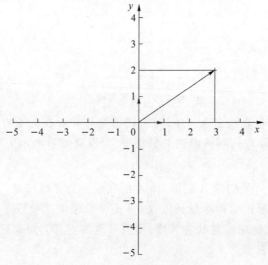

图 7.7　二维空间的一组基

　　实际上,任何两个线性无关的二维向量都可以成为一组基,所谓线性无关,在二维平面内可以直观地认为是两个不在一条直线上的向量。例如,(1,1)和(1,-1)也可以成为一组基。一般来说,基的模是1,若想获得(3,2)在新基上的坐标,即在两个方向上的投影矢量值,根据内积的几何意义,可分别计算(3,2)和两个基的内积,不难得到新的坐标为$\left(\dfrac{5}{\sqrt{2}}, -\dfrac{1}{\sqrt{2}}\right)$。图 7.8 给出了新的基以及(3,2)在新基上坐标值的示意图。

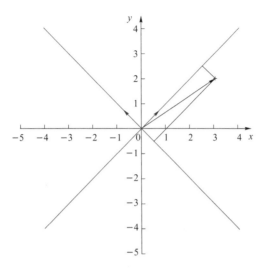

图 7.8　新基上坐标值的示意

　　需要注意的是,文中列举的例子中基是正交的(即内积为 0,或者说相互垂直),但是可以成为一组基的唯一要求就是线性无关;非正交的基也是可以的,不过因为正交基有较好的性质,所以一般使用的基都是正交的。

3. 基变换的矩阵表示

　　以(3,2)变换为新基上的坐标为例,就是用(3,2)与第一个基做内积运算,作为第一个新坐标的分量,然后用(3,2)与第二个基做内积运算,作为第二个新坐标的分量。采用矩阵相乘的形式可以简洁地表示这个变换过程:

$$\begin{pmatrix} \dfrac{1}{\sqrt{2}} & \dfrac{1}{\sqrt{2}} \\ \dfrac{-1}{\sqrt{2}} & \dfrac{1}{\sqrt{2}} \end{pmatrix} \begin{pmatrix} 3 \\ 2 \end{pmatrix} = \begin{pmatrix} \dfrac{5}{\sqrt{2}} \\ \dfrac{-1}{\sqrt{2}} \end{pmatrix}$$

式中:矩阵的两行分别为两个基,乘以原向量,其结果为新基的坐标。

　　基于上述方法扩展,如有 m 个二维向量,只要将二维向量按照列排成一个两行 m 列的矩阵,然后用"基矩阵"乘以这个矩阵,就得到了所有这些向量在新基下的值,如需将(1,1),(2,2),(3,3)变换到新的那组基上,则可以写为

$$\begin{pmatrix} \dfrac{1}{\sqrt{2}} & \dfrac{1}{\sqrt{2}} \\ \dfrac{-1}{\sqrt{2}} & \dfrac{1}{\sqrt{2}} \end{pmatrix} \begin{pmatrix} 1 & 2 & 3 \\ 1 & 2 & 3 \end{pmatrix} = \begin{pmatrix} \dfrac{2}{\sqrt{2}} & \dfrac{4}{\sqrt{2}} & \dfrac{6}{\sqrt{2}} \\ 0 & 0 & 0 \end{pmatrix}$$

一般地,如果我们有 M 个 n 维向量,想将其变换为由 R 个 n 维向量表示的新空间中,那么首先将 R 个基按照行组成矩阵 A,然后将 M 个向量按照列组成矩阵 B,那么两个矩阵的乘积 AB 就是变换结果,其中 AB 的第 M 列为 A 中的第 M 列变换后的结果。

数学表示为

$$\begin{pmatrix} p_1 \\ p_2 \\ \vdots \\ p_R \end{pmatrix} \begin{pmatrix} a_1 & a_2 & \cdots & a_M \end{pmatrix} = \begin{pmatrix} p_1a_1 & p_1a_2 & \cdots & p_1a_M \\ p_2a_1 & p_2a_2 & \cdots & p_2a_M \\ \vdots & \vdots & & \vdots \\ p_Ra_1 & p_Ra_2 & \cdots & p_Ra_M \end{pmatrix}$$

式中:p_i 是一个行向量,表示第 i 个基;a_j 是一个列向量,表示第 j 个原始数据记录。

特别要注意的是,这里 R 可以小于 n,而 R 决定了变换后数据的维数,即可以将一个 n 维数据变换到更低维度的空间中去,变换后的维度取决于基的数量,因此这种矩阵相乘的表示也可以表示为降维变换。

4. 协方差矩阵及优化目标

由上,选择不同的基可以对同样一组数据给出不同的表示,且如果基的数量少于向量本身的维数,则可以达到降维的效果。但如何选择基才是最优的呢? 如有一组 n 维向量需将其降到 k(k 小于 n)维,那么应该如何选择 k 个基才能最大程度地保留原有的信息呢?

为了避免过于抽象的讨论,以一个具体的例子展开,假设我们的数据由 5 条记录组成,将它们表示为矩阵形式:

$$\begin{pmatrix} 1 & 1 & 2 & 4 & 2 \\ 1 & 3 & 3 & 4 & 4 \end{pmatrix}$$

其中每一列为一条数据记录,一行为一个字段,为了后续处理方便,首先将每个字段内所有值都减去字段均值,其结果是将每个字段都变为均值为 0(这样做的好处后面可以看到)。

以上矩阵,第一个字段的均值为 2,第二个字段的均值为 3,变换后可得

$$\begin{pmatrix} -1 & -1 & 0 & 2 & 0 \\ -2 & 0 & 0 & 1 & 1 \end{pmatrix}$$

如图 7.9 所示为 5 条数据在平面直角坐标系内的情况。

针对图 7.9 所示的 5 条数据,如必须使用一维来表示这些数据,又希望尽量保留原始的信息,那该如何选择呢? 通过上面的讨论,可以知道,这个问题实际上是要在二维平面中选择一个方向,将所有数据都投影到这个方向所在的直线上,用投影值表示原始记录,是一个由二维降到一维的问题。那么,如何选择这个方向(或者说是基)才能尽量保留最多的原始信息呢? 一种直观的看法是:希望投影后的投影值尽可能分散。

以图 7.9 为例,可以看出如果向 x 轴投影,那么最左边的两个点会重叠在一起,中间的两个点也会重叠在一起,于是本身 4 个各不相同的二维点投影后只剩下两个不同的值了,这是一种严重的信息丢失。同理,如果向 y 轴投影最上面的两个点和分布在 x 轴上的两个点也会重叠,所以看来 x 和 y 轴都不是最好的投影选择。我们直观目测,如果向通过第一象限和第三象限的斜线投影,则 5 个点在投影后还是可以区分的。

下面我们用数学方法表述这个问题。

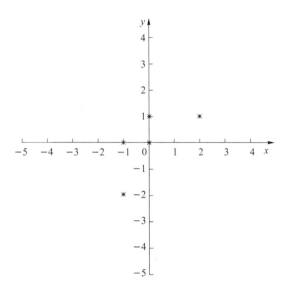

图 7.9　数据在坐标系中的表示

5. 方　差

如上,投影后投影值应尽可能分散,这种分散程度可用数学上的方差来表述,此处,一个字段的方差可以看作每个元素与字段均值之差的平方和的均值,即

$$\mathrm{Var}(\boldsymbol{a}) = \frac{1}{m}\sum_{i=1}^{m}(a_i - \mu)^2$$

由于上面已经将每个字段的均值都化 0 了,因此方差可以直接用每个元素的平方和除以元素个数表示:

$$\mathrm{Var}(\boldsymbol{a}) = \frac{1}{m}\sum_{i=1}^{m}a_i^2$$

于是上面的问题被形式化表示为:寻找一个一维基,使得所有数据变换为这个基上的坐标表示后,方差值最大。

6. 协方差

对于上面二维降成一维的问题,找到使得方差最大的方向即可。不过对于更高维,还有一个问题需要解决,考虑三维降到二维问题,与之前相同,首先找到一个方向使得投影后方差最大,这样完成第一个方向的选择,继而再选择第二个投影方向。如此时还是单纯地只选择方差最大的方向,这个方向与第一个方向应该“几乎重合在一起”,因此应该有其他约束条件。从直观上讲,让两个字段尽可能表示更多的原始信息,我们是不希望它们之间存在线性相关性的,因为相关性意味着两个字段不是完全独立,必然存在重复表示的信息。

数字上可以用两个字段的协方差表示其相关性,由于已经让每个字段均值为 0,则

$$\mathrm{Cov}(\boldsymbol{a},\boldsymbol{b}) = \frac{1}{m}\sum_{i=1}^{m}a_i b_i$$

可以看出,在字段均值为 0 的情况下,两个字段的协方差简洁地表示为其内积除以元素数

m。当协方差为 0 时,表示两个字段完全独立,为了让协方差为 0,第二个基只能在与第一个基正交的方向上选择。因此最终选择的两个方向一定是正交的。

至此,得到了降维问题的优化目标:将一组 n 维向量降维 k($0<k<n$)维,其目标是选择 k 个单位(模为 1)正交基,使得原始数据变换到这组基上后,各字段两两间协方差为 0,而字段的方差则尽可能大(在正交的约束下,取最大的 k 个方差)。

$$X=\begin{pmatrix} a_1 & a_2 & \cdots & a_m \\ b_1 & b_2 & \cdots & b_m \end{pmatrix}$$

然后用 X 乘以 X 的转置,并乘上系数 $\dfrac{1}{m}$,即

$$\frac{1}{m}X X^{\mathrm{T}} = \begin{pmatrix} \dfrac{1}{m}\sum_{i=1}^{m} a_i^2 & \dfrac{1}{m}\sum_{i=1}^{m} a_i b_i \\ \dfrac{1}{m}\sum_{i=1}^{m} a_i b_i & \dfrac{1}{m}\sum_{i=1}^{m} b_i^2 \end{pmatrix}$$

不难发现,矩阵对角线上的两个元素分别是两个字段的方差,而其他元素是 a 和 b 的协方差,两者被统一到了一个矩阵。

根据矩阵相乘的运算法则,这个结论很容易被推广到一般情况:

设有 m 个 n 维数据记录,将其按列排成 $n\times m$ 的矩阵 X,设 $C=\dfrac{1}{m}XX^{\mathrm{T}}$,则 C 是一个对称矩阵,其对角线分别是各个字段的方差,而第 i 行 j 列和 j 行 i 列元素相同,表示 i 和 j 两个字段的协方差。

7. 协方差矩阵

可以看到,最终要达到的目标与字段内方差及字段间协方差有密切关系。进一步,设只有 a 和 b 两个字段,则可将其按行组成矩阵 X,即

$$X=\begin{pmatrix} a_1 & a_2 & \cdots & a_m \\ b_1 & b_2 & \cdots & b_m \end{pmatrix}$$

根据上述推导,发现要达到优化目的等价于将协方差矩阵对角化,即除对角线外的其他元素化为 0,并且在对角线上将元素按照大小从上到下排列。

进一步分析原矩阵与基变换后矩阵的协方差矩阵之间的关系:

设原始数据矩阵 X 对应的协方差矩阵为 C,而 P 是一组基按行组成的矩阵,设 $Y=PX$,则 Y 为 X 对 P 做基变换后的数据,设 Y 的协方差矩阵为 D,可推导一下 D 与 C 的关系:

$$\begin{aligned} D &= \frac{1}{m}Y Y^{\mathrm{T}} \\ &= \frac{1}{m}(PX)(PX)^{\mathrm{T}} \\ &= \frac{1}{m}PX X^{\mathrm{T}} P^{\mathrm{T}} \\ &= P\left(\frac{1}{m}X X^{\mathrm{T}}\right)P^{\mathrm{T}} \\ &= PCP^{\mathrm{T}} \end{aligned}$$

由此可见,该 P 矩阵需能使原协方差矩阵对角化,即优化目标变成了寻找一个矩阵 P,满足 PCP^{T} 是一个对角矩阵,并且对角元素按照从大到小依次排列,那么 P 的前 k 行就是要寻找的基,用 P 的前 k 行组成的矩阵乘以 X 就使得 X 从 N 维降到了 k 维并满足上述优化条件。

由上文知道,协方差矩阵 C 是一个对称矩阵,在线性代数上,实对称矩阵有下列性质:

① 实对称矩阵不同特征值对应的特征向量必然正交。

② 设特征向量 $\boldsymbol{\lambda}$ 重数为 r,则必然存在 r 个线性无关的特征向量对应于 $\boldsymbol{\lambda}$,因此可以将这 r 个特征向量单位正交化。

由上面两条可知,一个 n 行 n 列的实对称矩阵一定可以找到 n 个单位正交特征向量,设这 n 个特征向量为 $e_1, e_2, \cdots, e_n$,我们将其按照列组成矩阵:

$$E = (e_1 \quad e_2 \quad \cdots \quad e_n)$$

则对协方差矩阵 C 有如下结论:

$$E^{\mathrm{T}}CE = \boldsymbol{\Lambda} = \begin{bmatrix} \lambda_1 & & & \\ & \lambda_2 & & \\ & & \ddots & \\ & & & \lambda_n \end{bmatrix}$$

式中:$\boldsymbol{\Lambda}$ 为对称矩阵,其对角元素为各特征向量对应的特征值(可能有重复)。

至此,得到矩阵 P,即 P 是协方差矩阵的特征向量单位化后按照行排列出的矩阵,其中每一行都是 C 的一个特征向量,如果设 P 按照 $\boldsymbol{\Lambda}$ 中特征值从大到小,将特征向量从上到下排列,则用 P 的前 k 行组成的矩阵乘以原始数据矩阵 X 即可。

7.2.2　主成分分析算法步骤

PCA 从 n 维降到 k 维的步骤如下:

第一步,均值归一化。需要计算出所有特征的均值,然后令数据各特征值都减去对应的特征均值 $x_j = x_j - \mu_j$。如果特征是在不同的数量级上,则还需要将其除以标准差 σ^2。

第二步,计算协方差矩阵 $\boldsymbol{\Sigma}$。

第三步,计算协方差矩阵 $\boldsymbol{\Sigma} = \dfrac{1}{m}\sum\limits_{i=1}^{n}(\boldsymbol{x}^{(i)})(\boldsymbol{x}^{(i)})^{\mathrm{T}}$ 的特征向量。

在 MATLAB、Octave 里我们可以利用奇异值分解(Singular Value Decomposition)来求解,代码为"[U,S,V]=svd(sigma)"。

$$\boldsymbol{U} = \begin{bmatrix} | & | & & | \\ \boldsymbol{u}^{(1)} & \boldsymbol{u}^{(2)} & \cdots & \boldsymbol{u}^{(n)} \\ | & | & & | \end{bmatrix} \in \mathbf{R}^{n \times n}$$

$$\boldsymbol{\Sigma} = \frac{1}{m}\sum_{i=1}^{m}(\boldsymbol{x}^{(i)})(\boldsymbol{x}^{(i)})^{\mathrm{T}}$$

对于一个 $n \times n$ 维的矩阵,上式中的 U 是一个具有与数据之间最小投射误差的方向向量构成的矩阵。如果我们希望将数据从 n 维降至 k 维,只需要从 U 中选取前 k 个向量,获得一个 $n \times k$ 维的矩阵,用 U_{reduce} 表示,然后通过下面计算获得要求的新特征向量 $z^{(i)}$,即

$$z^{(i)} = U_{\mathrm{reduce}}^{\mathrm{T}} \times x^{(i)}$$

其中,x 是 $n \times 1$ 维的,因此结果为 $k \times 1$ 维的。

7.2.3 选择主成分的数量

主成分分析需减少投射的平均均方误差。

训练集的方差为 $\dfrac{1}{m}\sum\limits_{i=1}^{m}\parallel x^{(i)}\parallel^2$。

如希望在平均均方误差与训练集方差的比例尽可能小的情况下选择尽可能小的 k 值。如果希望这个比例小于 1%，就意味着原本数据的偏差有 99% 都保留下来了，如果选择保留 95% 的偏差，便能非常显著地降低模型中特征的维度了。

为此，可以先令 $k=1$，然后进行主要成分分析，获得 U_{reduce} 和 z，计算比例是否小于 1%。如果不是再令 $k=2$，以此类推，直到找到可以使得比例小于 1% 的最小 k 值（原因是各个特征之间通常情况存在某种相关性）。

还有一些更好的方式来选择 k，可直接调用库函数中的"svd"函数，获得三个参数"[U，S，V]＝svd(sigma)"。

其中，S 是一个 $n\times n$ 的矩阵，只有对角线上有值，而其他单元都是 0，使用这个矩阵即可计算平均均方误差与训练集方差的比例：

$$\frac{\dfrac{1}{m}\sum\limits_{i=1}^{m}\parallel x^{(i)}-x_{\text{approx}}^{(i)}\parallel^2}{\dfrac{1}{m}\sum\limits_{i=1}^{m}\parallel x^{(i)}\parallel^2}=1-\frac{\sum\limits_{i=1}^{k}S_{ii}}{\sum\limits_{i=1}^{m}S_{ii}}\leqslant 1\%\left(\text{也就是}\ \frac{\sum\limits_{i=1}^{k}S_{ii}}{\sum\limits_{i=1}^{m}S_{ii}}\geqslant 0.99\right)$$

在压缩过数据后，可以采用如下方法来近似地获得原有的特征：

$$x_{\text{approx}}^{(i)}=U_{\text{reduce}}z^{(i)}$$

7.3 应用 PCA 算法预测涡扇发动机的状态

对于很多工程应用系统，人们不仅希望了解这个系统当前的状态或性能，还想预测状态或性能随着时间推移的发展情况。这种预测方法建立在系统过去和现在的状态数据上，可通过特定的算法预测未来状态。由于航空发动机的运行状态对飞机的飞行安全非常关键，为了提升航空飞行安全水平，需对涡轮风扇发动机的故障预测及性能评估进行研究。本章采用 PCA 算法，使用 NASA"Turbofan 引擎降级仿真数据集"来预测涡扇发动机的运行状态。

7.3.1 数据集和问题说明

NASA 的仿真数据集包含了使用 C－MAPSS（商用模块化航空推进系统仿真）得到的发动机退化仿真数据。C－MAPSS 中的发动机简化模型如图 7.10 所示，主要包括风扇（Fan）、低压压气机（LPC）、高压压气机（HPC）、燃烧室（Combustor）、高压涡轮（HPT）、低压涡轮（LPT）和喷嘴（Nozzle）。数据集包括不同时间序列下的数据，这些数据包含发动机在不同运行条件和故障模式组合下的运行设置和传感器测量值（温度、压力、风扇速度等）等 24 项数据，如表 7.2 所列。每个数据集进一步分为训练和测试子集。训练集中，故障的严重程度不断增加，直到系统出现故障。测试集中，时间序列在系统故障之前的某个时间结束。

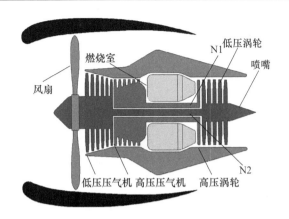

图 7.10　C－MAPSS 中的发动机简化模型

表 7.2　C－MAPSS 数据集中部分数据

编　号	时　间	操作设定 1	操作设定 2	操作设定 3	风扇出口温度	低压压气机出口温度	高压压气机出口温度	风扇转速	…	传感器26
1	1	−0.000 7	−0.000 4	100	518.67	641.82	1 589.7	2 388.06	…	1.3
1	2	0.001 9	−0.000 3	100	518.67	642.15	1 591.82	2 388.04	…	1.3
1	3	−0.004 3	0.000 3	100	518.67	642.35	1 587.99	2 388.08	…	1.3
1	4	0.000 7	0	100	518.67	642.35	1 582.79	2 388.11	…	1.3
1	5	−0.001 9	−0.000 2	100	518.67	642.37	1 582.85	2 388.06	…	1.3
1	6	−0.004 3	−0.000 1	100	518.67	642.1	1 584.47	2 388.02	…	1.3
1	7	0.001	0.000 1	100	518.67	642.48	1 592.32	2 388.02	…	1.3
1	8	−0.003 4	0.000 3	100	518.67	642.56	1 582.96	2 388	…	1.3
1	9	0.000 8	0.000 1	100	518.67	642.12	1 590.98	2 388.05	…	1.3
1	10	−0.003 3	0.000 1	100	518.67	641.71	1 591.24	2 388.05	…	1.3
…	…	…	…	…	…	…	…	…		…

　　如表 7.2 所列,发动机设置和状态数据多,分析、处理困难,使用人员较难通过数量众多的传感器数据直接获得发动机的状态信息。

7.3.2　发动机系统状态识别方案

　　针对表 7.2 所列数据集,采用 PCA 降维方法,数据压缩至二维,可实现状态的可视化,便于从图形直接判断航空发动机状态。根据应用需求、数据集及 PCA 降维方法特点,确定发动机系统状态识别步骤如下:

1. 数据导入与平滑处理

　　导入 C－MAPSS 数据文件,由于数据集每个样本中包含 26 个属性,选择 LPCOutletTemp、HPCOutletTemp、LPT、TotalHP、PhysFanSpeed、PhysCoreSpeed、Sensor 14、Sensor 15、Sensor 16、Sensor 17、Sensor 18、Sensor 23 和 Sensor 24 等 13 个与发动机状态、

性能相关的属性用于发动机的状态预测。

考虑到传感器数据还存在噪声等扰动,数据不太稳定,需对数据进行平滑处理,可采用 Pandas 库的 Rolling mean 方法实现,该方法以一个滑动窗口内的均值代替原来的值,从而使数据更加平滑。图 7.11 为使用 Rolling mean 对每年某商品的销售数据进行平滑。

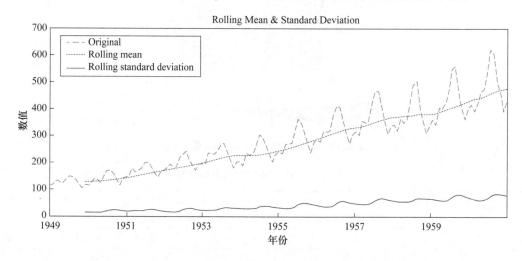

图 7.11　采用 Rolling mean 方法平滑数据

2. 归一化数据

由于属性不同的数据存在差异,数据范围差别较大,在进行 PCA 处理前,需对数据进行归一化处理,即将每个属性转换到相同的尺度。

3. 计算协方差矩阵、特征值和特征向量

根据 PCA 的数学实现,采用 numpy 库的 cov 方法获得协方差矩阵,采用 linalg.eig 方法获得特征值和特征向量,如下:

```
[eigen_value, eigen_vector] = np.linalg.eig(协方差矩阵)
```

4. 分析平均均方误差与训练集方差的比例

根据上述的分析,令 $k=1,2,3,\cdots,13$,即可获得不同数量主成分下,平均均方误差与训练集方差的比值,也就是数据压缩到不同维数时,保留了原有数据集多大比例的偏差。由图 7.12 可见,第一和第二个主成分保留了原数据集 90% 以上的信息。

5. 绘制压缩后的二维图

经 PCA 压缩后的数据集二维图如图 7.13 所示。

6. 分析数据

输出每个发动机起始时刻的点和最后时刻的点,如图 7.14 所示。深色点是各发动机在起

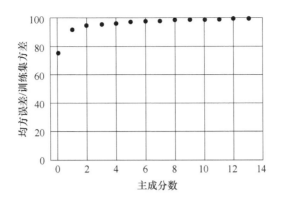

图 7.12　均方误差与训练集方差随主成分数量的变化

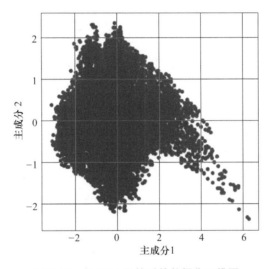

图 7.13　经 PCA 压缩后的数据集二维图

始时刻的点,浅色点是发动机在最后时刻的点。根据图 7.14 不难分析得到各发动机是处于正常、磨损、警报还是故障阶段。

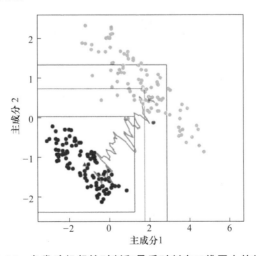

图 7.14　各发动机起始时刻和最后时刻在二维图上的位置

7.4　总　结

作为一种无监督学习的降维方法,PCA算法只需要将特征值分解,就可以对数据进行压缩、去噪,实际应用较为广泛。本章首先介绍了对数据进行降维的目的;接着介绍了主成分分析方法的实现原理、算法步骤、主成分选择等内容;最后介绍了在对航空涡扇发动机状态识别中的应用。图7.15所示为本章的主要知识点。

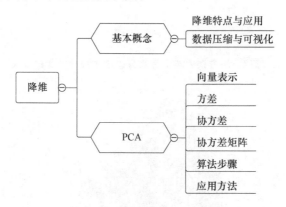

图 7.15　本章知识点总结

7.5　作　业

采用Python语言,读入给定数据集 ch7_pca_data1.txt,对数据进行标准化,计算特征向量和特征值,将数据压缩至二维和三维,并输出压缩后的图形。

提示:

(1) 使用Scipy库中的io.loadmat读取.mat文件,并获取数据部分。

(2) 编写数据标准化方法。

(3) 计算协方差矩阵,并使用numpy库中的linalg.svd进行奇异值分解。

(4) 完成数据压缩,并输出图形。

7.6　知识扩展

从前面的数学分析可知,前述PCA方法本质上是将方差最大的方向作为主要特征,并且在各个正交方向上使数据无相关性。它可以很好地解除线性相关,但是不适应高阶相关性数据。对于高阶相关性的数据,可以考虑 Kernel PCA,通过 Kernel 函数将非线性相关转为线性相关。另外,为了克服PCA的一些缺点,出现了很多PCA的变种,比如为解决非线性降维的KPCA,还有解决内存限制的增量PCA方法 Incremental PCA,以及解决稀疏数据降维的PCA方法 Sparse PCA 等。

PCA算法的主要优点如下:

① 仅仅需要以方差衡量信息量,不受数据集以外因素的影响。

② 各主成分之间正交,可消除原始数据成分间互相影响的因素。

③ 计算方法简单,主要运算是特征值分解,易于实现。

PCA 算法的主要缺点如下:

① 主成分各个特征维度的含义具有一定的模糊性,不如原始样本特征的解释性强。

② 方差小的非主成分也可能含有对样本差异的重要信息,因降维丢弃可能对后续数据处理有影响。

第8章 异常检测——火箭发动机异常检测

在日常生活中,我们通常需要注意一些与大多数现象不同的异常数据,它们可能是与预期模式不匹配,或者与事件或观测的正常值偏差过大。异常情况通常存在于银行欺诈、结构缺陷、网络通信、文本错误、产品测试等类型的问题当中,常见的异常检测使用案例有通过识别使用地址检测信用卡诈骗、网络通信领域识别异常信息流、机械加工领域识别未达标的产品等。利用异常检测算法,可以有效识别异常数据,进行信息和质量检查。

在火箭发动机的地面试车中,也存在异常检测问题。液体火箭发动机结构复杂,包括了燃料输送管、高速涡轮泵、燃烧室和喷管、燃料冷却槽道等多个重要部分,制造难度极大。为保证发动机的正常运行,必须对其进行地面测试,其为异常检测算法在航空航天领域的一种应用。本章将结合液体火箭发动机异常测试实例,介绍异常检测理论,并介绍异常检测理论在实例中的应用情况。

8.1 火箭发动机异常检测背景

在航空航天技术中,利用喷气推进原理,仅依靠从发动机内部向飞行器后高速喷出物质流而获得反作用推力,从而使飞行器向前运动的直接反作用式发动机称为喷气发动机。喷气推进概念包括空气喷气推进和火箭推进两方面的含义,与之对应,喷气发动机又可以分为空气喷气发动机和火箭发动机两大类。凡不利用周围介质,只利用飞行器自身携带的物质生成工作物质(简称工质)的喷气发动机,称为火箭发动机。火箭发动机自带氧化物质(氧化剂)和燃烧物质(燃料),两者统称为推进剂,其包括了产生推力的全部物质。因此,火箭发动机不依靠外界的能源和物质源(如空气)而独立工作,可以在大气层外的宇宙空间飞行,成为人类在大气层外飞行和宇宙航行的主要动力装置。由于火箭发动机的工质全部存贮在飞行器内,所以其单位时间的推进剂消耗量很大,工作时间也往往很短,但它具有在短时间内产生巨大推力的能力。

伴随着航天事业的飞速发展和航天发射任务的日益频繁,各种安全事故不可避免地接踵而来。其中又以火箭发动机故障的影响和危害性最大,其复杂的工作环境和几近极致的工作条件也常使它成为整个航天运输系统中故障敏感多发的部位。发动机故障不仅会带来巨大的经济损失,而且会导致灾难性的事故,产生难以估量的影响。因此,需要对火箭发动机的工作状态进行多次测试与诊断,对发动机可能存在的运行故障进行检测、识别、定位与评估等,保证其正常运行。近年来,液体火箭发动机的测试与诊断方法及技术的研究在国内外逐渐得到重视并取得了重要的进展,其主要体现在以下几个方面:基于信号分析的方法、基于模型的方法、基于人工智能的方法等。本章接下来的部分将首先介绍异常检测的理论,然后结合具体的数据讲述基于高斯分布的异常检测方法在液体火箭发动机检查测试中的应用。

8.2　异常检测理论

异常是指某个数据对象由于测量、收集或自然变异等原因变得不正常,而找出异常的过程,称为异常检测,其应用十分广泛。本节将介绍异常检测的概念、方法、系统和步骤,并比较异常检测与监督学习的异同点,以及异常检测特征的选择。

8.2.1　异常检测概念

通常说的异常检测是找出与大部分对象不同的异常对象,因此异常检测也称为离群点检测。而异常对象的属性值明显偏离期望的属性值,因此异常检测也称为偏差检测。此外,异常在某种意义上是一种例外,因此异常检测也被称为例外挖掘。异常检测是机器学习算法的一个常见应用,其主要应用于无监督学习问题,但从某些角度看,它又类似于一些监督学习问题,可以定义其为半监督学习方法。

根据异常的特征,可以将异常分为以下 3 类:

① 点异常(Point Anomalies):是指单个数据对象相对于其他数据对象异常。点异常是最简单,也是研究得最多的异常类型。

② 上下文异常(Contextual Anomalies):是指一个数据对象在特定的上下文中的异常,也称为条件异常(Conditional Anomaly)。数据集的内部结构定义了上下文,而且成为异常问题定义的一部分,它包含上下文属性和行为属性两部分。

③ 集合异常(Collective Anomalies):是指一批相关的数据对象相对于整个数据集是异常的。集合异常中的各个数据对象可能自身不是异常,但它们作为一个集合整体出现时,则是异常。

异常检测主要使用数理统计和数据挖掘技术,常用的方法有 4 种:基于模型、基于邻近度、基于密度和基于聚类。

① 基于模型的方法:建立一个数据模型,异常定义为同此模型不能完美拟合的对象。例如,数据分布的模型可以通过估计概率分布的参数来创建,如果一个对象不服从该分布,则认为它是一个异常。

优点:基于模型的异常检测具有坚实的基础,即建立在标准的统计学基础(如分布参数的估计)之上,当存在充分的数据和有效的先验知识时,这种检测表现得非常好。该方法简单,无须训练,可以用在小数据集上。

缺点:对于多元数据,可用的分布选择太少;对于高维数据,基本不可能拟合出数据分布,并且离群点对模型参数影响很大。

② 基于邻近度的方法:在对象之间定义邻近性度量,异常对象定义为远离大部分对象的其他对象。当数据能够以二维或者三维散布图呈现时,可以从视觉上直接检测出基于距离的离群点。

优点:原理简单,无须训练,可用在任何数据集。

缺点:基于邻近度的方法一般需要 $O(n^2)$ 时间(n 为对象个数),尽管在低维情况下可以使用专门的算法来提高性能,但这对于大型数据集来说代价依然高昂。由于它使用全局阈值,因此不能处理具有不同密度区域的数据集。

③ 基于密度的方法:对象的密度估计可以相对直接计算,特别是当对象之间存在邻近性度量时。低密度区域中的对象相对远离近邻,可被看作异常。密度通常用邻近度来定义,基于密度的离群点检测与基于邻近度的检测密切相关。仅当一个点的局部密度显著低于它的大部分邻近点时,才将其看作离群点。

优点:基于相对密度的离群点检测给出了对象是离群点的可能的定量度量,并且即使数据具有不同密度的区域也能够很好地处理,结果相对准确。

缺点:和基于邻近度的方法相同,时间复杂度为 $O(n^2)$。虽然对于低维数据而言,使用专门的数据结构可以使时间复杂度降低到 $O(n\log n)$,但在大多数情况下此技术并不适用。此外参数选择和阈值设定也比较困难,参数选择也需要多次试验,取最大离群点得分来确定。

④ 基于聚类的方法:聚类和异常检测的目标是估计分布的参数,以最大化数据的总似然(概率)。聚类分析用于发现强相关的对象组,异常检测是发现与其他对象弱相关的对象,因此,聚类可以用于异常检测。简而言之,异常检测与聚类是高度相关的任务,服务于不同的目的。

优点:有些聚类技术(如 K 均值)的时间和空间复杂度是线性或接近线性的,因而基于这种算法的离群点检测技术是高度有效的。此外,簇的定义通常是离群点的补,因此可以同时发现簇和离群点。聚类的方法在样本充足的情况下准确度会相对较高。

缺点:所产生的离群点集及其得分非常依赖所用的簇的个数和数据总离群点的存在性。聚类算法产生的簇的质量对该算法产生的离群点的质量影响非常大。每种聚类算法只适合特定的数据类型,需要谨慎地选择聚类算法。

8.2.2 高斯分布与异常检测

本小节介绍一种基于模型的异常检测技术,即基于高斯分布的异常检测算法。异常检测的抽象形式可以表述为:对于给定的数据集 $\{x^{(1)},x^{(2)},\cdots,x^{(m)}\}$,假使数据集是正常的,则希望通过异常检测,判断新的测试数据 x^{test} 是否异常,即这个新的测试数据属于该组正常数据集的概率如何。具体方法为对数据集建一个模型 $p(x)$,表示特征 x 的分布概率,即属于该组数据的可能性。取一个阈值 ε,则对于测试样本 x^{test} 有:$p(x^{\text{test}})<\varepsilon$ 记为异常,$p(x^{\text{test}})\geqslant\varepsilon$ 记为正常。

如图 8.1 所示,在圈内的数据属于该组数据的可能性较高,而越是偏远的数据,其属于该组数据的可能性就越低。因此,中心点附近的新测试样本可判断为正常,远离中心点的样本可判断为异常。

大量的实践表明,自然界很多参数的分布都基本服从高斯分布。因此,此分布在异常检测中的应用非常广泛。高斯分布又名正态分布,设变量 $x\in\mathbf{R}$,若 x 符合高斯分布,均值为 μ,方差为 σ^2,则高斯分布记作 $x\sim N(\mu,\sigma^2)$ 或 $N(x|\mu,\sigma^2)$。高斯分布的概率密度函数为

$$p(x,\mu,\sigma^2)=\frac{1}{\sqrt{2\pi}\sigma}\exp\left[-\frac{(x-\mu)^2}{2\sigma^2}\right] \tag{8.1}$$

此函数为一个钟形的曲线,如图 8.2 所示。在高斯分布的两个参数中,μ 控制钟形曲线的中心位置,σ 控制这个钟形曲线的宽度,参数 σ 也称为标准差。钟形曲线决定了 x 取不同数值的概率密度分布,因此 x 取中心值的概率相当大,因为高斯分布的概率密度在这里很大。而 x

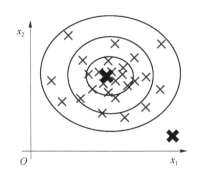

图 8.1　正常与异常样本的判断

取偏离中心处及处于更远处数值的概率将逐渐降低,直至消失。

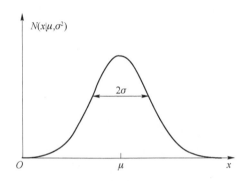

图 8.2　训练集的两个特性分布参数计算

对于高斯分布中的两个参数 μ 和 σ^2,可以利用已有的数据集来预测,计算方法如下:

$$\mu = \frac{1}{m}\sum_{i=1}^{m} x^{(i)} \tag{8.2}$$

$$\sigma^2 = \frac{1}{m}\sum_{i=1}^{m}(x^{(i)} - \mu)^2 \tag{8.3}$$

需要注意的是,机器学习中对于方差通常只除以 m,而非统计学中的 $m-1$。在实际使用中,当训练集足够大时,选择使用 $1/m$ 或 $1/(m-1)$ 区别很小,在机器学习领域更习惯使用 $1/m$ 这个版本的公式。这两个版本的公式在理论特性和数学特性上稍有不同,但在实际使用中,它们的区别甚小,几乎可以忽略不计。

8.2.3　基于高斯分布的异常检测算法

当异常检测算法的训练样本都是正常样本时,假设样本的特征相互独立,且都服从高斯分布。在此基础上估计出一个概率模型,然后用该模型评估待测样本属于正常样本的可能性。

对于此异常检测,若假设训练数据的每个特征相互独立,且都服从高斯分布,那么我们可以设计异常检测算法的训练过程如下:

① 选定可能反映异常的特征 x_j,特征数量为 n,即 $x \in \mathbf{R}^n$。建立含 m 个样本的训练数据集 $\{x^{(1)}, x^{(2)}, \ldots, x^{(m)}\}$。

② 通过训练集来估计每个特征 j 的高斯分布参数,即均值 μ_j 和方差 σ_j^2:

$$\mu_j = \frac{1}{m} \sum_{i=1}^{m} x_j^{(i)}$$

$$\sigma_j^2 = \frac{1}{m} \sum_{i=1}^{m} (x_j^{(i)} - \mu_j)^2$$

③ 认为训练集的特征相互独立,则对于新的待测数据 $\boldsymbol{x}^{\text{test}}$,计算其概率 $p(\boldsymbol{x}^{\text{test}})$:

$$p(\boldsymbol{x}^{\text{test}}) = \prod_{j=1}^{n} p(x_j^{\text{test}}; u_j, \sigma_j^2) = \prod_{j=1}^{n} \frac{1}{\sqrt{2\pi}\sigma_j} \exp\left[-\frac{(x_j^{\text{test}} - u_j)^2}{2\sigma_j^2} \right]$$

④ 检测计算结果。如果 $p(\boldsymbol{x}^{\text{test}}) < \varepsilon$,则为异常;若 $p(\boldsymbol{x}^{\text{test}}) \geqslant \varepsilon$,则为正常。

例如当一个训练集由两个特征组成时,根据训练集的高斯参数,并建立两个特征值所计算得到的概率 $p(\boldsymbol{x})$ 分布,如图 8.3 所示。

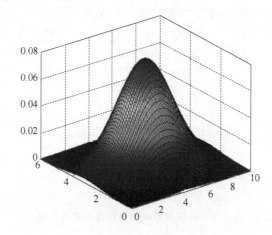

图 8.3　训练集的密度估计函数

之后可选择一个 ε,将 $p(\boldsymbol{x}) = \varepsilon$ 作为判定边界,当 $p(\boldsymbol{x}) > \varepsilon$ 时预测数据为正常数据,否则为异常。

本小节介绍了如何拟合 $p(\boldsymbol{x})$,也就是 $\boldsymbol{x}$ 的概率值,以开发出一种异常检测算法。同时,也给出了通过数据集拟合参数,进行参数估计,得到参数 μ 和 σ,然后检测新的样本,确定新样本是否是异常。

8.2.4　异常检测开发与调试

异常检测算法具有无监督学习的特性,开发时无标签。这意味着我们无法根据结果变量的值来确定数据是否真的是异常的。需要已知的带标签(异常或正常)的数据来帮助检验算法是否有效,即算法的评价。因此,从此角度来看,异常检测算法又类似于一些监督学习的问题。据此,异常检测的开发常包括数据准备、数据分组、异常评估、异常输出等步骤。

1. 数据准备

异常检测的第一步是了解输入数据的特征。实际情况中,对象可以有很多特征,它可能在某些特征上具备正常值,而在其他特征上异常。在异常检测问题中,数据集里除了正常的样本进行训练之外,还需要用异常的样本进行测试。也就是说,我们需要一批被标记(带标签)的数据。与监督学习算法不同,在异常检测中,通常将正常样本标签为 0,将异常样本标签为 1。由于异常样本通常非常稀少,一般只用标签为 0 的样本来进行训练。例如:我们准备有 10 000 台正常火箭发动机的数据,有 20 台异常火箭发动机的数据,来进行算法的开发。

2. 数据分组

基于模型的异常检测算法在训练中可以看成是一种无监督学习算法,无法通过结果变量判断数据是否异常,所以需要另一种方法来检测算法是否有效。通常从准备好的有标签的数据入手进行分组,找出一部分正常数据作为训练集(Train Set),剩余的正常数据和异常数据作为交叉检验集(Cross Validation Set)和测试集(Test Set)。例如:对之前准备的 10 020 台火箭发动机的数据进行分组,可以采用 6 000 台正常发动机的数据作为训练集,2 000 台正常和 10 台异常发动机的数据作为交叉检验集,最后的 2 000 台正常和 10 台异常发动机的数据作为测试集。

3. 异常评估

在异常检测问题中,大部分数据是正常的,所以 0 和 1 两类样本严重不均衡,这时候,系统性能评估就不能简单地用分类错误率或者准确率来描述。针对这样的倾斜类(Skewed Class),需要用正确肯定 TP(True Positive)、错误肯定 FP(False Positive)、错误否定 FN(False Negative)、正确否定 TN(True Negative)、查准率 P(Precision)、召回率 R(Recall)、F1 值(F1 - Score)等多个指标来度量。

查准率是指被分类器判定正例中的正样本的比重 $\frac{TP}{TP+FP}$,查全率是指被预测为正例的占总的正例的比重 $\frac{TP}{TP+FN}$,F1 值是指查准率和查全率的调和平均数 $\frac{2PR}{P+R}$。

通常在训练获得概率分布函数后,对于交叉检验集,尝试使用不同的 ε 值作为阈值,并预测数据是否异常,根据评价指标来选择 ε 值。选出 ε 后,针对测试集进行预测,计算异常检验算法的 F1 值,或者查准率与查全率之比,对算法进行评价。

4. 异常输出

任何异常检测技术最终都需要输出检测到的异常。通常,由异常检测算法产生的输出有以下两类。

评分(Score):评分技术通过异常判定函数,为测试集中的每个数据实例赋予一个异常得分,这个得分代表了异常程度。因此其输出是异常的排序列表,使用阈值来判定异常。

标签(Label):标签分类技术直接对每个测试实例贴上正常或异常的标签。

基于评分的异常检测技术允许分析人员使用特定阈值选择最可能的异常,然而基于二分类的技术则不允许直接选择,只能通过控制分类模型的参数来间接干预。

8.2.5　异常检测与监督学习的对比

异常检测算法是一种半监督学习算法,而在前面我们构建的异常检测系统也使用了带标记的数据,与监督学习有些相似。表 8.1 的对比有助于选择采用异常检测还是监督学习。

表 8.1 异常检测与监督学习的对比

异常检测	监督学习
非常少量的正向类(异常数据 $y=1$),大量的负向类($y=0$)	数据分布均匀,同时有大量的正向类和负向类
异常的类型不一,很难根据对现有的异常样本(即正向类)的拟合来判断出异常样本的形态	有足够多的正向类实例用于训练算法
未来遇到的异常可能与已掌握的异常非常不同	未来遇到的正向类实例可能与训练集中的非常近似
例如:欺诈行为检测、生产(例如火箭发动机)、检测数据中心的计算机运行状况	例如:垃圾邮件检测、天气预报、肿瘤分类

对于很多技术公司可能遇到的一些问题,通常来说,可用于训练的正样本数量很少,甚至为 0,也即为出现了非常多不同的异常类型。对于这类问题,通常使用的算法就是异常检测算法。

8.2.6 异常检测特征的选择

对于异常检测算法,特征的选择是至关重要的。

异常检测假设特征符合高斯分布,如果数据的分布不是高斯分布,虽然异常检测算法也能够工作,但将数据转换成高斯分布可以提高运算效率。如图 8.4 所示,可以使用对数函数 $x=\log(x+c)$,其中 c 为非负常数;或者 $x=x^c$,c 为 $0\sim1$ 之间的一个分数。

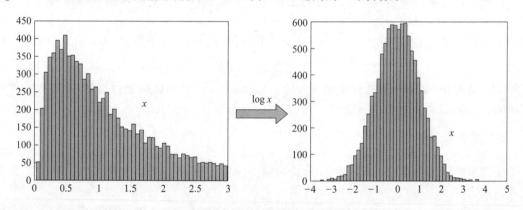

图 8.4 将数据转换为高斯分布

一个常见的问题是,一些异常的数据可能也会有较高的 $p(x)$ 值,因而被算法认为是正常的。在这种情况下误差分析能够帮助分析那些被算法错误预测为正常的数据,观察能否找出一些问题。我们可能从问题中发现需要增加一些新的特征,增加这些新特征后获得的新算法能够帮助我们更好地进行异常检测,如图 8.5 所示。

可以通过将一些相关的特征进行组合,来获得一些新的更好的特征(异常数据的该特征值异常大或小),例如,在检测数据中心的计算机状况的例子中,可以将 CPU 负载与网络通信量的比例作为一个新的特征,如果该值异常大,便有可能意味着该服务器出现了问题。

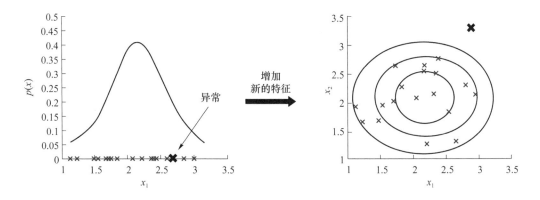

图 8.5 异常检测误差分析

8.3 液体火箭发动机异常检测案例

上面完成了异常检测的理论介绍，接下来的内容将以液体火箭发动机试车中的检查测试为案例，以检测出异常数据为目标，详细说明异常检测概念、异常检测算法在案例中的表征，并结合 Python 进行程序的解算与验证。本章将列出关键部分的 Python 代码以更好地帮助读者学习、理解。

8.3.1 液体火箭发动机异常检测案例分析

为了保证运载火箭飞行的成功，在火箭发动机设计制造后，一般需要进行地面试车，对其工作状态及工作参数进行检测与分析。液体火箭具有发动机燃料比冲高、推重比大、推力可调、关机和启动灵活、燃料成本低、回收再使用优势大等优点，在航天发射任务中有重大的贡献。我国的长征五号火箭、美国 SpaceX 的重型猎鹰火箭等都采用了液体火箭发动机。液体火箭发动机使用液体推进剂，一般由燃料输送管、涡轮泵、预燃室、主燃烧室和喷管、燃料冷却槽道等多个重要部分组成，其结构复杂、研发难度大，通常需要大量的地面试车来考验火箭的运行及推进性能。试车还可以为火箭批量生产的质量抽检和飞行试验的故障分析提供手段。液体火箭发动机在试车中的测量参数包括了推进剂消耗量、结构的动应力和变形、振动、冲击、噪声、温度和压力等，而大型火箭在一次试车中，需要测量数百个以至数千个参数，比飞行试验测量的参数更多。这些测量参数包括了发动机的一些特征变量，而特征变量则共同构成了液体火箭发动机的特征向量。

本文只考虑液体火箭发动机的涡轮转速(x_1)和推力(x_2)的异常，则 m 台发动机测量获得的特征向量组成了一个数据集 $\{x^{(1)}, x^{(2)}, \cdots, x^{(m)}\}$。将这些数据绘制成图，如图 8.6 所示，图中每个点，都是无标签数据。

因此，本文液体火箭发动机的异常检测问题可以总结为：当新制造完成或新调试的液体火箭发动机在进行地面试车时，其涡轮转速和推力组成的特征向量为 x^{test}，通过检测特征向量，判断发动机工作状态是否正常，能否完成设计目标。当检测结果输出为正常时，可以认为该液体火箭发动机在地面试车状态下工作正常，可以进行下一步工作；当检测结果异常时，需要对该发动机进行进一步的检查与测试，以避免安全事故的发生。

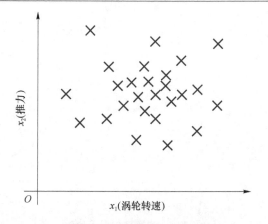

图 8.6　发动机测试结果数据集

　　如图 8.7 所示,如果新测试发动机的特征点位于箭头所指的位置时,其特征向量与已经进行过测试的发动机特征向量差异较小,可以直接认为它是正常的。

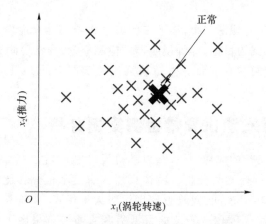

图 8.7　新的发动机特征点位置(正常)

　　反之,如果新测试发动机的参数位于如图 8.8 箭头所指的位置时,则 x^{test} 与之前的数据集参数差异较大,与已经进行过测试的火箭发动机工作状态不一致,可以认为其工作状态异常,需要对该发动机进行进一步的检查与测试。

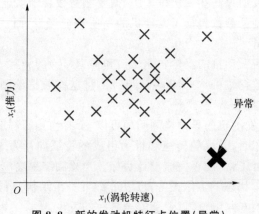

图 8.8　新的发动机特征点位置(异常)

8.3.2　基于异常检测的液体火箭发动机异常检测程序流程

　　了解了案例的相关数据及目的后,本小节将基于异常检测算法实现液体火箭发动机的异常检测。从上述学习中我们已知,在运用异常检测算法时,首先,根据训练集数据,我们估计特征的平均值和方差并构建 $p(x)$ 函数。对交叉检验集,我们尝试使用不同的 ε 值作为阈值,并预测数据是否异常,根据 F1 值或者查准率与查全率的比例来选择 ε。选出 ε 后,针对测试集进行预测,最后通过数据可视化以及 F1 值判断模型检测能力。

　　基于异常检测算法的液体火箭发动机异常检测系统程序流程如图 8.9 所示。

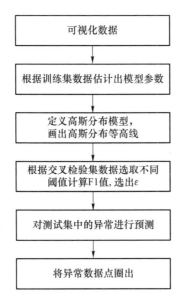

图 8.9　异常检测系统程序流程图

1. 数据导入及数据可视化

　　本案例中原始数据集为 MATLAB 数据集,文件格式为 mat,需要在程序中首先声明调用 scipy.io 模块,然后运用该模块读取数据。

　　在 Python 中,数据可视化常常采用 matplotlib.pyplot 模块,声明调用后即可利用该模块绘制散点图,并可以对散点图的点的类型以及标签进行自定义。

　　在本环节中,需要利用的是原始数据集,输出的是数据所对应的散点图。

```
import scipy.io as sio
import matplotlib.pyplot as plt
data = sio.loadmat("ex8data1.mat")
X = data['X']
plt.scatter(X[..., 0], X[..., 1], marker ='x', label ='point')
plt.show()
```

2. 根据训练集数据估计特征的平均值和方差

在 Python 中,存储和处理矩阵常用 numpy 模块,该模块比 Python 自身的列表结构要高效得多。在调用 numpy 模块后,可以利用其自带的函数 numpy. mean()求解训练集数据的平均值,numpy. var()求解训练集数据的方差。

在本环节中,需要利用的是训练数据集,输出的是数据平均值和方差。

```
mu = np.mean(X, axis = 0)
sigma2 = np.var(X, axis = 0)
```

3. 定义高斯概率模型,求得分布概率

对高斯概率模型进行定义,并利用上一环节求得的平均值和方差进行概率计算,值得注意的是,这里的分布概率是指特征向量的分布概率,即为发动机的涡轮转速与推力的各自分布概率的乘积。

在本环节中,需要利用的是训练数据集、平均值和方差,输出的是分布概率。

```
p1 = (1 / np.sqrt(2 * np.pi * sigma2)) * np.exp(-(X - mu) ** 2 / (2 * sigma2))
p = np.prod(p1, axis = 1)   # 横向累乘
```

4. 根据特征平均值和方差,画出高斯分布的等高线

利用 numpy 模块,首先通过 numpy. linspace()函数构造两个等差数列;然后通过 np. meshgrid()函数构造网格坐标矩阵,通过 concatenate()函数和 reshape 函数对网格坐标矩阵进行拼接,随后计算网格坐标所对应的分布概率;最后,利用 matplotlib. pyplot. contour()函数画出等高线。

在本环节中,需要利用的是平均值和方差,输出的是高斯分布的等高线。

```
x = np.linspace(5, 25, 100)
y = np.linspace(5, 25, 100)
xx, yy = np.meshgrid(x, y)
X = np.concatenate((xx.reshape(-1, 1), yy.reshape(-1, 1)), axis = 1)
z = gaussian_distribution(X, mu, sigma2).reshape(xx.shape)
cont_levels = [10 ** h for h in range(-20, 0, 3)]   # 当 z 为当前列表的值时才绘出等高线
plt.contour(xx, yy, z, cont_levels)
```

5. 根据模型计算结果进行误差分析,计算 F1 值的函数

按照 8.2.4 小节对异常评估的描述和对应公式,对正确肯定、错误肯定、错误否定、正确否定、查准率、召回率、F1 值进行计算。

在本环节中,需要利用的是交叉检验集的数据标签和模型的预测结果,输出的是模型的 F1 值。

```
tp, fp, fn, tn = 0, 0, 0, 0
    for i in range(len(yp)):
        if yp[i] == yt[i]:
            if yp[i] == 1:
                tp += 1
            else:
                tn += 1
        else:
            if yp[i] == 1:
                fp += 1
            else:
                fn += 1
    precision = tp / (tp + fp) if tp + fp else 0   #防止除以 0
    recall = tp / (tp + fn) if tp + fn else 0
    f1 = 2 * precision * recall / (precision + recall) if precision + recall else 0
```

6. 封装阈值选择函数，进行最佳阈值的选择

对 ε 在预测值范围内进行遍历取值，分别计算对应的 F1 值，并选出最大的 F1 值所对应的 ε。本环节需要利用的是真实值（取值为 0 或 1）以及预测值，输出的是阈值 ε 和 F1 值。

```
Xval = data['Xval']
Yval = data['yval']
yval = Yval.ravel()
pval = Gussian_distribution(Xval, mu, sigma2)
epsilons = np.linspace(min(pval), max(pval), 1000)
l = np.zeros((1, 2))
for e in epsilons:
    ypre = (pval < e).astype(float)
    f1 = error_analysis(ypre, yval)
    l = np.concatenate((l, np.array([[e, f1]])), axis = 0)
index = np.argmax(l[..., 1])
```

7. 利用所选的阈值完善模型，对异常进行预测

将测试集中的数据进行高斯模型分析，计算分布概率，并与上一环节选出的阈值 ε 比较，若不在范围内，则认为该数据是异常数据。

在本环节中，需要利用的是测试集数据、阈值 ε、平均值和方差，输出的是异常点坐标。

```
p = gaussian_distribution(X, mu, sigma2)
anomaly_points = np.array([X[i] for i in range(len(p)) if p[i] < e])
```

8. 标出异常点

将异常的数据点通过 matplotlib.pyplot.scatter()函数标出。

```
plt.scatter(anomaly_points)[...,0], anomaly_points)[...,1], s = 80, facecolors = 'none',
edgecolors = 'r', label = 'anomaly point')
```

8.3.3　液体火箭发动机异常检测结果

在 8.3.2 小节的程序运行完成后,输出的结果示意图如图 8.10 所示。"×"代表所有数据,而异常检测系统认定的异常数据则以○的方式标注。

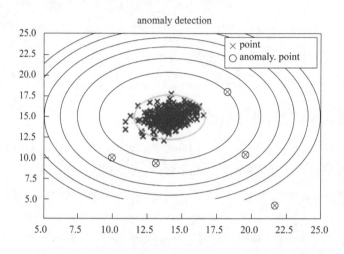

图 8.10　液体火箭发动机异常检测案例结果示意图

8.4　总　结

通过异常检测,有效地解决了液体火箭发动机工作异常状态检测的问题,本节以思维导图的方式总结本章知识点。

本章由异常检测的背景、理论以及案例分析组成。在理论部分中,首先介绍了异常检测的概念,异常检测是一种半监督学习方法;随后介绍了基于高斯分布的异常检测算法和实现,其步骤主要包括数据准备、数据分组、异常评估和异常输出;最后介绍了异常检测与监督学习的异同以及如何选择异常检测特征。此外,基于多元高斯分布的异常检测知识作为补充内容在知识扩展部分进行介绍。本章知识点总结如图 8.11 所示。

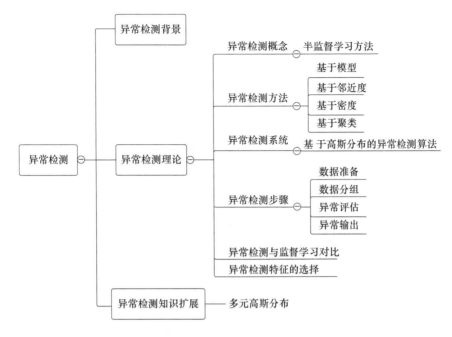

图 8.11　本章知识点总结

8.5　作　业

1. 简要描述航空发动机和火箭发动机的区别,并对火箭发动机进行分类描述。

2. 简要描述异常检测算法原理。

3. 参照 8.3 节算法流程图以及关键代码,运行液体火箭发动机异常检测程序。自行修改电子资源"ch8_detection_data1.mat"数据文件中某个异常点的位置,重新运行程序,输出最佳阈值 ε 和其对应的 F1 值,并在图像中标出异常点。

8.6　知识扩展

在基于高斯分布的异常检测算法建立时,我们假设了样本数据中的特征是相互独立的。假使我们有两个相关的特征,而且这两个特征的值域范围比较宽,这种情况下,一般的高斯分布模型可能不能很好地识别异常数据。其原因在于,一般的高斯分布模型尝试的是去同时抓住两个特征的偏差,因此创造出一个比较大的判定边界。

图 8.12 中是两个相关特征,3 个大圆圈(根据 ε 的不同,其范围可大可小)是一般的高斯分布模型获得的判定边界,显然箭头所指的×所代表的数据点很可能是异常值,但是其 $p(x)$ 值却仍然在正常范围内。多元高斯分布将创建像图中椭圆所示的判定边界。

在一般的高斯分布模型中,我们计算 $p(x)$ 的方法是:通过分别计算每个特征对应的概率然后将其累乘起来,在多元高斯分布模型中,我们将构建特征的协方差矩阵,用所有的特征一起来计算概率模型 $p(x)$。

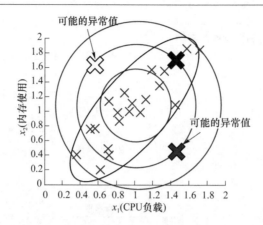

图 8.12 多元高斯分布示意图

我们首先计算所有特征的平均值,然后再计算协方差矩阵:

$$p(\pmb{x}) = \prod_{j=1}^{m} p(x_j; \mu_j, \sigma_j^2) = \prod_{j=1}^{m} \frac{1}{2\pi\sigma_j} \exp\left[-\frac{(x_j - \mu_j)^2}{2\sigma_j^2}\right] \tag{8.4}$$

$$\mu_j = \frac{1}{m} \sum_{i=1}^{m} x_j^{(i)} \tag{8.5}$$

$$\pmb{\Sigma} = \frac{1}{m} \sum_{i=1}^{m} (\pmb{x}^{(i)} - \pmb{\mu})(\pmb{x}^{(i)} - \pmb{\mu})^{\mathrm{T}} = \frac{1}{m}(\pmb{X} - \pmb{\mu})^{\mathrm{T}}(\pmb{X} - \pmb{\mu}) \tag{8.6}$$

注:其中 $\pmb{\mu}$ 是一个向量,其每一个单元都是原特征矩阵中一行数据的均值。最后我们计算多元高斯分布的 $p(\pmb{x})$,即

$$p(\pmb{x}) = \frac{1}{(2\pi)^{\frac{n}{2}} |\pmb{\Sigma}|^{\frac{1}{2}}} \exp\left[-\frac{1}{2}(\pmb{x} - \pmb{\mu})^{\mathrm{T}} \pmb{\Sigma}^{-1} (\pmb{x} - \pmb{\mu})\right] \tag{8.7}$$

式中:$|\pmb{\Sigma}|$ 是定矩阵,$\pmb{\Sigma}^{-1}$ 是逆矩阵。

下面将介绍协方差矩阵是如何影响模型的:

图 8.13 是 5 个不同的模型,(a)是一个一般的高斯分布模型;(b)通过协方差矩阵,令特征 1 拥有较小的偏差,同时保持特征 2 的偏差;(c)通过协方差矩阵,令特征 2 拥有较大的偏差,同时保持特征 1 的偏差;(d)通过协方差矩阵,在不改变两个特征的原有偏差的基础上,增加两者之间的正相关性;(e)通过协方差矩阵,在不改变两个特征的原有偏差的基础上,增加两者之间的负相关性。

可以证明的是,原本的高斯分布模型是多元高斯分布模型的一个子集,即如图 8.13(a)~(c)这 3 个例子所示,如果协方差矩阵只在对角线的单位上有非零的值时,即为原本的高斯分布模型。

表 8.2 为原高斯分布模型和多元高斯分布模型的比较。

表 8.2 原高斯分布与多元高斯分布的对比

原高斯分布模型	多元高斯分布模型
不能捕捉特征之间的相关性 但可以通过将特征进行组合的方法来解决	自动捕捉特征之间的相关性
计算代价低,能适应大规模的特征	计算代价较高,训练集较小时也同样适用
	必须具备 $m > n$,否则协方差矩阵不可逆,通常需要 $m > 10n$;另外特征冗余也会导致协方差矩阵不可逆

原高斯分布模型被广泛使用,如果特征之间在某种程度上存在相互关联的情况,那么我们可以通过构造新特征的方法来捕捉这些相关性。

如果训练集不是太大,并且没有太多的特征,我们可以使用多元高斯分布模型。

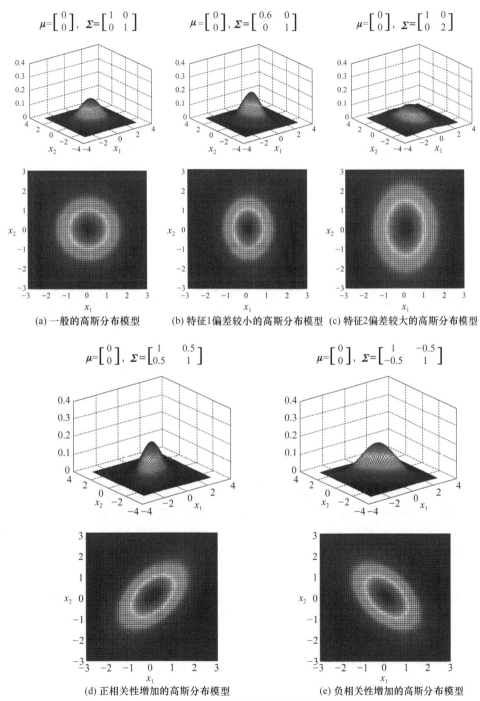

图 8.13 多元高斯分布样例及其参数影响

第9章 深度学习——卫星遥感图像目标检测

遥感技术是一种通过卫星等探测器收集地面信息的综合探测技术,即卫星传感器收集各类地物对光谱的反射结果并整理成遥感影像,形成地物信息最直观的表达。随着遥感技术的发展,人类捕获了大量丰富的遥感原始数据。为有效地从大量的遥感数据中快速提取需要的信息,机器学习中的深度学习提供了解决途径。本章将结合卫星遥感图像目标检测实例,介绍深度学习的理论,并介绍深度学习理论在实例中的应用情况。

9.1 卫星遥感图像目标检测背景

随着遥感技术的发展,人类对地球的综合观测能力达到前所未有的水平。不同成像方式、不同波段和分辨率的数据并存,遥感数据日益多元化;遥感影像数据量显著增加,呈指数级增长;数据获取的速度加快,更新周期缩短,时效性越来越强。然而,与遥感数据获取能力形成鲜明对比的是遥感信息处理能力受限,遥感信息处理技术和数据获取能力之间存在失衡。遥感信息处理多数停留在从"数据到数据"的阶段,在实现从数据到知识转化的方面明显不足,对遥感大数据的利用率低,陷入了"大数据,小知识"的悖论。更有甚者,由于大量堆积的数据得不到有效利用,海量数据长期占用有限的存储空间,造成某种程度上的"数据灾难"。

因此,遥感图像处理和深层分析成为重要的研究方向。遥感图像处理分析包括图像分类、分割、目标检测和特征提取等,处理结果广泛应用于城市规划、资源调查、环境监测、农作物识别、水污染监测和土地覆盖识别等领域。另一方面,数字时代的到来使浅层结构的机器学习无法满足对海量的分散数据进行有效特征提取和分类检测的需求,深度学习应运而生。深度学习是人工智能的重要部分,深度神经网络是深度学习的一种具体表现,它是由数量众多的神经元组成的多层神经网络,模拟了人脑的多层嵌套神经构造,逐层提取数据的特征,自动学习数据的内在规律和特征表示。基于深度学习的目标检测技术是利用卷积神经网络,自动学习检测目标的特征并对目标进行识别。

遥感图像的优点是能在非常短的时间内获取大空间范围的数据。光学遥感是遥感中的一个分支,主要通过可见光、近红外及短波红外等传感器进行观测。目标检测是光学遥感图像的一个热门应用,它要求从图像中检测出感兴趣的物体,例如船舶、飞机、车辆、建筑、耕地及水体等,在判断物体类别的同时给出其在图像中的位置。早期,由于卫星图像的空间分辨率较低,研究者们无法检测到较小的物体,因此主要致力于提取某一区域的地理空间属性,如森林、湖泊等。近年来,光学遥感技术发展迅速,一些新型光学遥感卫星相继发射成功,获取的图像空间分辨率可以达到亚米级,能够提供非常精细的空间和纹理信息,这使得检测独立的目标个体成为可能。在受益于高质量数据的同时,光学遥感图像的目标检测也面临新的挑战:图像背景变得更加复杂,目标的尺度变化剧烈,微小目标的数目变得更多等。这些挑战导致光学遥感图像的目标检测更易出现误检、漏检。

深度学习能在有限样本中将数据的底层特征抽象为更具代表性的高层特征,为应对遥感图像尺寸大、背景复杂、目标多且小等目标检测难点,本章采用经典目标检测算法 YOLO 实现遥感图像目标检测任务。YOLO 算法拥有多个模型,有适用于边缘计算设备的轻量化模型,也有追求检测精度的大模型,应用范围非常广泛。另一方面,YOLO 算法的自适应图片缩放和多尺度预测等优点使之更适用于遥感图片目标检测。

9.2　深度学习理论

9.2.1　深度学习概念

深度学习是近年来发展十分迅速的研究领域,并在人工智能的很多子领域都取得了巨大的成功。深度学习是机器学习方的一个分支,能从有限样例中通过算法总结出一般性的规律,并应用到新的未知数据上。深度学习采用的模型一般比较复杂,样本的原始输入到输出目标之间的数据流要经过多个线性或非线性的组件。每个组件都会对信息进行加工,并影响后续的组件,因此最后得到输出结果时,并不能探究清楚其中每个组件的贡献是多少。这个问题叫作贡献度分配问题,在深度学习中,贡献度分配问题是一个关键因素,这关系到如何学习每个组件中的参数。

目前,一种可以比较好地解决贡献度分配问题的模型是人工神经网络,是一种受人脑神经系统的工作方式启发而构造的数学模型。与目前计算机的结构不同,人脑神经系统是一个由生物神经元组成的高度复杂网络,是一个并行的非线性信息处理系统。人脑神经系统可以将声音、视觉等信号经过多层的编码,从最原始的低层特征不断加工、抽象,最终得到原始信号的语义表示。与人脑神经网络类似,人工神经网络是由人工神经元以及神经元之间的连接构成,其中有两类特殊的神经元:一类用来接收外部的信息,另一类用来输出信息。因此,神经网络可以看作是一个信息从输入到输出的信息处理系统。如果把神经网络看作是由一组参数控制的复杂函数,并用来处理一些模式识别任务(比如语音识别、人脸识别等),那么神经网络的参数可以通过机器学习的方式来从数据中学习。因为神经网络模型一般比较复杂,从输入到输出的信息传递路径一般比较长,所以复杂多层神经网络的学习可以看作是一种深度的机器学习,即深度学习。

人工智能、机器学习、深度学习及神经网络的包含关系如图 9.2 所示,由此可见神经网络和深度学习并不等价。深度学习可以采用神经网络模型,也可以采用其他模型(例如深度信念网络是一种概率图模型)。但是,由于神经网络模型可以比较容易地解决贡献度分配问题,因此神经网络模型成为深度学习中主要采用的模型。虽然深度学习最初是用来解决机器学习中表示的学习问题,但是由于其强大的能力,深度学习越来越多地用来解决一些通用人工智能问题,比如推理、决策等。

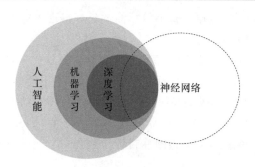

图 9.1 人工智能、机器学习、深度学习及
神经网络的包含关系示意图

9.2.2 卷积神经网络

卷积神经网络(Convolutional Neural Network,CNN)是一种具有局部连接、权重共享等特性的深层前馈神经网络。卷积神经网络最早主要是用来处理图像信息的。用全连接前馈网络来处理图像时,会存在以下两个问题:

① 参数太多:如果输入图像大小为 $100 \times 100 \times 3$(即图像高度为 100、宽度为 100 以及 RGB 3 个颜色通道),在全连接前馈网络中,第一个隐藏层的每个神经元到输入层都有 $100 \times 100 \times 3 = 30\ 000$ 个互相独立的连接,每个连接都对应一个权重参数。随着隐藏层神经元数量的增多,参数的规模也急剧增加,会导致整个神经网络的训练效率非常低,也很容易出现过拟合。

② 局部不变性特征:自然图像中的物体都具有局部不变性特征,比如尺度缩放、平移、旋转等操作不影响其语义信息。而全连接前馈网络很难提取这些局部不变性特征,一般需要进行数据增强来提高性能。

卷积神经网络是受生物学上感受野机制的启发而提出的。感受野机制主要是指听觉、视觉等神经系统中一些神经元的特性,即神经元只接受其所支配的刺激区域内的信号。在视觉神经系统中,视觉皮层中的神经细胞的输出依赖于视网膜上的光感受器。视网膜上的光感受器受刺激兴奋时,将神经冲动信号传到视觉皮层,但不是所有视觉皮层中的神经元都会接受这些信号。一个神经元的感受也是指视网膜上的特定区域,只有这个区域内的刺激才能够激活该神经元。

目前的卷积神经网络一般是由卷积层、池化层和全连接层交叉堆叠而成的前馈神经网络。卷积神经网络有 3 个结构上的特性:局部连接、权重共享以及池化。这些特性使卷积神经网络具有一定程度上的平移、缩放和旋转不变性。与前馈神经网络相比,卷积神经网络的参数更少。卷积神经网络主要使用在图像和视频分析的各种任务上,如图像分类、人脸识别、物体识别、图像分割等,其准确率一般也远远超出了其他的神经网络模型。

1. 卷积层

(1) 二维卷积

卷积经常用在图像处理中,因为图像为一个二维结构,所以需要将一维卷积进行扩展。给

定一个图像 $\boldsymbol{X}\in\boldsymbol{R}^{M\times N}$ 和一个滤波器 $\boldsymbol{W}\in\boldsymbol{R}^{U\times V}$，一般 $U\ll M,V\ll N$，其卷积为

$$y_{i,j}=\sum_{U=1}^{N}\sum_{V=1}^{V}w_{UV}\,x_{i-U+1,j-V+1}$$

输入信息 $\boldsymbol{X}$ 和滤波器 $\boldsymbol{W}$ 的二维卷积定义为

$$\boldsymbol{Y}=\boldsymbol{W}*\boldsymbol{X}$$

图 9.2 给出了二维卷积示例。

1	1	1 ×−1	1 ×0	1 ×0
−1	0	−3 ×0	0 ×0	1 ×0
2	1	1 ×0	−1 ×0	0 ×1
0	−1	1	2	1
1	2	1	1	1

*

1	0	0
0	0	0
0	0	−1

=

1	−2	−1
2	2	4
−1	0	0

图 9.2　二维卷积示例

(2) 三维卷积

由于卷积网络主要应用在图像处理上，为了更充分地利用图像的局部信息，通常将神经元组织为三维结构的神经网络层，其大小为高度 $M\times$ 宽度 $N\times$ 深度 D，由 D 个 $M\times N$ 大小的特征映射构成。对于灰度图像，只有一个特征映射，输入层的深度 $D=1$；如果是彩色图像，则分别有 RGB 三个颜色通道的特征映射，输入层的深度 $D=3$。

不失一般性，假设一个卷积层的结构如下：

① 输入特征映射组：$\boldsymbol{X}\in\boldsymbol{R}^{M\times N\times D}$ 为三维张量（Tensor），其中每个切片（Slice）矩阵 $\boldsymbol{X}^d\in\boldsymbol{R}^{M\times N}$ 为一个输入特征映射，$1\leqslant d\leqslant D$。

② 输出特征映射组：$\boldsymbol{Y}\in\boldsymbol{R}^{M'\times N'\times P}$ 为三维张量，其中每个切片矩阵 $\boldsymbol{Y}^p\in\boldsymbol{R}^{M'\times N'}$ 为一个输出特征映射，$1\leqslant p\leqslant P$。

③ 卷积核：$\boldsymbol{W}\in\boldsymbol{R}^{U\times V\times P\times D}$ 为四维张量，其中每个切片矩阵 $\boldsymbol{W}^{p,d}\in\boldsymbol{R}^{U\times V}$ 为一个二维卷积核，$1\leqslant p\leqslant P,1\leqslant d\leqslant D$。

图 9.3 给出了卷积层的三维结构表示。

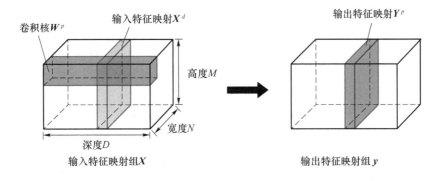

图 9.3　三维卷积示例

为了计算输出特征映射 $\boldsymbol{Y}^p$，用卷积核 $\boldsymbol{W}^{p,1},\boldsymbol{W}^{p,2},\cdots,\boldsymbol{W}^{p,D}$ 分别对输入特征映射 $\boldsymbol{X}^1,\boldsymbol{X}^2,\cdots,$

X^D进行卷积,然后将卷积结果相加,并加上一个偏置b,得到卷积层的净输入Z^p,再经过非线性激活函数后得到输出特征映射Y^p。

$$Y^p = f(W^p * X + b^p) = f\left(\sum_{d=1}^{D} W^{p,d} * X^d + b^p\right)$$

其中,$f(\cdot)$为非线性激活函数,一般用 ReLU 函数。

整个计算过程如图 9.4 所示,如果希望卷积层输出 P 个特征映射,可以将上述计算过程重复 P 次,得到 P 个输出特征映射$Y^1,Y^2,\cdots,Y^P$。

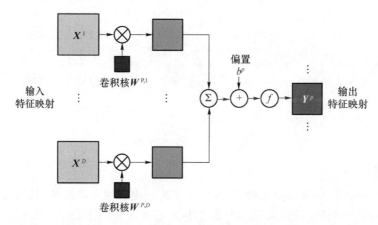

图 9.4　卷积层中从输入特征映射组 X 到输出特征映射Y^p的计算示例

在输入为 $X \in R^{M \times N \times D}$,输出为 $Y \in R^{M' \times N' \times P}$的卷积层中,每一个输出特征映射都需要 D 个卷积核以及一个偏置。假设每个卷积核的大小为 $U \times V$,那么共需要 $P \times D \times (U \times V) + P$ 个参数。

2. 池化层

池化层(Pooling Layer)也叫子采样层(Subsampling Layer),其作用是进行特征选择,降低特征数量,从而减少参数数量。

卷积层虽然可以显著减少网络中连接的数量,但特征映射组中的神经元个数并没有显著减少。如果后面接一个分类器,分类器的输入维数依然很高,很容易出现过拟合。为了解决这个问题,可以在卷积层之后加上一个池化层,从而降低特征维数,避免过拟合。

假设池化层的输入特征映射组为 $X \in R^{M \times N \times D}$,对于其中每一个特征映射$X^d \in R^{M \times N}$,$1 \leqslant d \leqslant D$,将其划分为很多区域$R^d_{m,n}$,$1 \leqslant m \leqslant M'$,$1 \leqslant n \leqslant N'$,这些区域可以重叠,也可以不重叠。池化是指对每个区域进行下采样得到一个值,作为这个区域的概括。

常用的池化函数有以下两种:

① 最大池化:对于一个区域$R^d_{m,n}$,选择这个区域内所有神经元的最大活性值作为这个区域的表示,如图 9.5 所示。

② 平均池化:一般是取区域内所有神经元活性值的平均值。

典型的池化层是将每个特征映射划分为 2×2 大小的不重叠区域,然后使用最大池化的方式进行下采样。池化层也可以看作一个特殊的卷积层,卷积核大小为 $K \times K$,步长为 $S \times S$,卷积核为 max 函数或 mean 函数。过大的采样区域会急剧减少神经元的数量,也会造成过多的

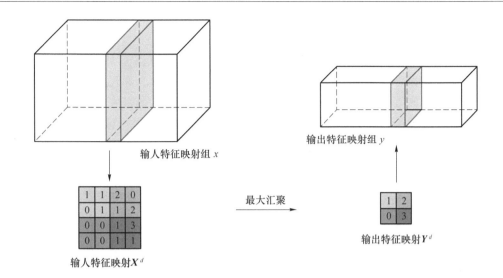

图 9.5　汇聚层中最大汇聚过程示例

信息损失。

3. 卷积网络的整体结构

一个典型的卷积网络是由卷积层、池化层、全连接层交叉堆叠而成。目前常用的卷积网络整体结构如图 9.6 所示。一个卷积块为连续 M 个卷积层、b 个池化层（M 通常设置为 2～5，b 为 0 或 1）。一个卷积网络中可以堆叠 N 个连续的卷积块，然后在后面接着 K 个全连接层（N 的取值区间比较大，比如 1～100 或者更大；K 一般为 0～2）。

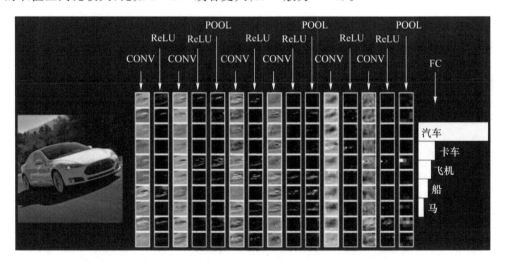

图 9.6　卷积神经网络图片分类实例

4. 批标准化层

批标准化（Batch Normalization，BN）是由 Google 于 2015 年提出的，这是一个深度神经网络训练的技巧，它不仅可以加快模型的收敛速度，更重要的是在一定程度上缓解了深层网络中

"梯度弥散"(特征分布较散)的问题,从而使训练深层网络模型更加容易和稳定。所以目前批标准化已经成为几乎所有卷积神经网络的标配技巧。

因为深层神经网络在做非线性变换前的激活输入值随着网络深度加深,或者在训练过程中其分布逐渐发生偏移或者变动,之所以训练收敛慢,一般是整体分布逐渐往非线性函数取值区间的上下限两端靠近(对于 Sigmoid 函数来说,意味着激活输入值是大的负值或正值),所以这导致反向传播时低层神经网络的梯度消失,这是训练深层神经网络收敛越来越慢的本质原因,而批标准化就是通过一定的规范化手段,如图 9.7 所示为把每层神经网络任意神经元这个输入值的分布强行拉回到均值为 0、方差为 1 的标准正态分布。

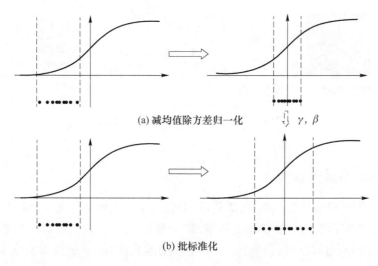

(a) 减均值除方差归一化

(b) 批标准化

图 9.7 批标准化作用示意图

批标准化可以把越来越偏的分布强制拉回比较标准的分布,使得激活输入值落在非线性函数对输入比较敏感的区域,输入的小变化就会导致损失函数较大的变化,让梯度变大,避免梯度消失问题产生,而且梯度变大意味着学习收敛速度快,能大大加快训练速度,图 9.8 展示了批标准化算法。

输入: 批处理(mini-batch)输入x: $\boldsymbol{B}=x_i,\cdots,m\}$

输出: 规范化后的网络响应 $\{y_i = \mathrm{BN}_{\gamma,\beta}(x_i)\}$

1: $\mu_B \leftarrow \dfrac{1}{m}\sum\limits_{i=1}^{m} x_i$ //计算批处理数据均值

2: $\delta_B^2 \leftarrow \dfrac{1}{m}\sum\limits_{i=1}^{m}(x_i-\mu_B)^2$ //计算批处理数据方差

3: $\hat{x}_i \leftarrow \dfrac{x_i-\mu_B}{\sqrt{\delta_B^2+\varepsilon}}$ //规范化

4: $y_i \leftarrow \gamma\hat{x}_i+\beta = \mathrm{BN}\,\gamma,\beta(x_i)$ //尺度变换和偏移

5: return 学习的参数γ和β

图 9.8 批标准化算法

5. Dropout 层

在机器学习的模型中,如果模型的参数太多,而训练样本又太少,训练出来的模型很容易产生过拟合的现象。在训练神经网络的时候经常会遇到过拟合的问题,过拟合具体表现在:模型在训练数据上损失函数较小,预测准确率较高;但是在测试数据上损失函数比较大,预测准确率较低。

Dropout 是指在每个训练批次中,通过忽略一半的特征检测器(让一半的隐层节点值为0),可以明显地减少过拟合现象,如图 9.9 所示。这种方式可以减少特征检测器(隐层节点)间的相互作用,避免某些检测器依赖其他检测器才能发挥作用。

在训练过程中,Dropout 可以被认为是对完整的神经网络抽样出一些子集,每次基于输入数据只更新子网络的参数,数量巨大的子网络们并不是相互独立的,因为它们都共享参数。在测试过程中不使用 Dropout,可以理解为是对数量巨大的子网络们做了模型集成,以此来计算出一个平均的预测。

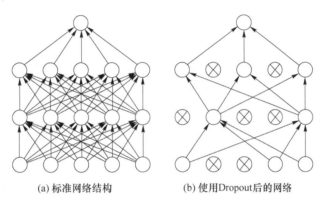

(a) 标准网络结构　　　　(b) 使用Dropout后的网络

图 9.9　Dropout 原理示意图

9.3　卫星遥感图像目标检测

遥感图像目标检测的核心任务是判断遥感图像中是否存在目标并对其进行检测、分割、特征提取与分类识别。传统基于模板匹配或机器学习的遥感图像目标检测方法多数采用人工设计的特征,使用传统分类器对目标物进行分类。此类方法对于背景复杂、环境多变的遥感图像,模型泛化性能差、检测效果不佳。本章采用一处端到端的基于深度学习的算法 YOLO (You Only Look Once),无需人工提前设置特征,可通过大量标注数据自动提取图像特征,达到了较好的分类检测效果。

9.3.1　卫星遥感图像目标检测分析

在大范围图像中对小目标进行检测是卫星图像分析的主要难点。第一个挑战是图片范围大,一张卫星图片可能涵盖 $64 \mathrm{\ m^2}$ 以上的土地,超过 2.5 亿个像素。另一个挑战是观察的对象物体非常小,可能仅有 10 像素左右,这对视觉检测技术来说是一项很复杂的任务。

针对卫星遥感图像微小目标检测问题,基于深度学习的 YOLO 算法采用多尺度预测方法,引入图像金字塔模型,对各个尺度下的目标进行检测。针对遥感图像训练样本不足的问题,YOLO 通过图像预处理对图像进行旋转、剪裁和拼接等一系列操作扩充训练样本。针对遥感图像分辨率高的问题,YOLO 算法采用自适应图片缩放算法,对图片进行合理采样,充分挖掘遥感图像信息。

9.3.2 基于深度学习的卫星遥感图像目标检测

首先建立卫星遥感图像目标检测数据集,然后使用 Pytorch 深度学习框架搭建 YOLO 目标检测神经网络并使用数据集对其进行训练。通过对目标检测神经网络的检测结果进行分析,对训练超参数进行调整优化,最后对模型进行验证测试。

1. 遥感图像目标检测数据集

数据集中图像数量和质量对于深度神经网络的训练非常重要。一般来说,数据集中的图片数量和种类越多神经网络能够学习到的图像特征就越多,在应用过程中该神经网络的泛化性能越好;反之,使用图片数量较少的训练集训练神经网络容易使该神经网络过拟合。所以一个图片数量多质量高的遥感图像目标检测数据集往往能够训练出检测精度高的目标检测与识别网络。

DOTA 遥感图像目标检测数据集是由武汉大学遥感国家重点实验室以及华科电信学院公开的一个遥感图像数据集,图片多来自谷歌地球的高分辨卫星遥感图像,其中包含飞机、船、存储罐、棒球场、网球场、篮球场、田径场、海港、桥梁、大型车辆、小型车辆、直升飞机、足球场、环形路口以及游泳池共 15 类目标,训练集图片有 1 411 张,验证集图片有 458 张,测试集图片有 937 张,图片的分辨率在 800×800~4 000×4 000 之间。本案例选取飞机、体育场地、船、储存罐、环形路、港口、小型车辆、大型车辆 8 类地物目标,其中飞机、船、储存罐、港口均是很有价值的军事目标;体育场地、环形路、小型车辆、大型车辆这 4 类具有民用价值。各类的代表图片如图 9.10 所示。

DOTA 的标签信息由 10 部分组成,前 8 部分是物体四边形边框的 4 个角点坐标,按顺时针方向依次记录 $(x_1,y_1)(x_2,y_2)(x_3,y_3)(x_4,y_4)$,第 9 部分是目标的类别,第 10 部分是目标检测的难易程度。DOTA 数据集的标签格式与 YOLO v5 算法需要的标签格式不同。DOTA 数据集的标签格式为 $x_1,y_1,x_2,y_2,x_3,y_3,x_4,y_4$,category,difficult;YOLO v5 训练时需要的标签格式为 category,x,y,w,h(其中 x,y 为目标的中心坐标,w,h 为目标的宽度与高度)。DOTA 标签中位置信息的单位为图像像素值,而 YOLO 训练时使用标签中的位置信息为图像的宽度与高度归一化的值。因此,需要编写程序将 DOTA 数据集的标签转化为 YOLO 训练时使用的标签格式。

2. 搭建环境与模型

YOLO 是一种基于回归的目标检测与识别算法。自提出以来,YOLO 已经经过了 5 个版本的发展,在识别的准确率与速度上都有很大的优势。本文使用 Pytorch 深度学习框架搭建 YOLO v5 网络,网络的整体结构如图 9.11 所示。

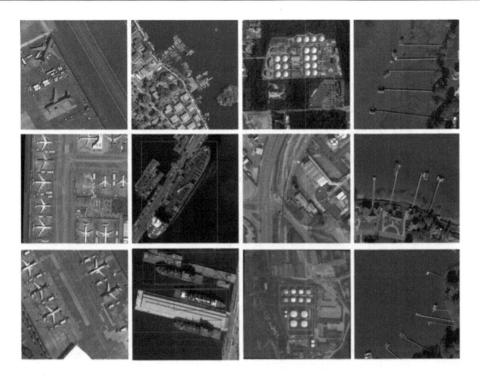

图 9.10　卫星遥感图像数据集

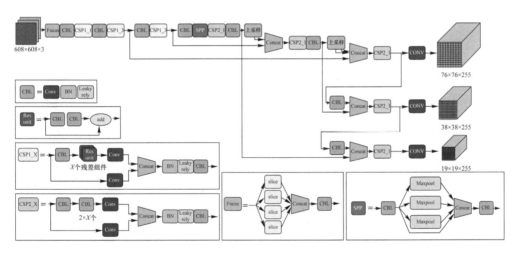

图 9.11　YOLO v5 模型结构

(1) YOLO v5 目标检测网络的基本组成

YOLO v5 是由多个神经网络模块连接组合而合成的,基本组成单位是卷积模块和 ResNet 模块,其中卷积模块由卷积层、批标准化层和 Leaky ReLU 激活函数层组成,ResNet 模块由全零填充卷积层和 resnet 单元组成。这些模块通过连接层以及上采样层组成了 YOLO v5 网络的基本结构。

（2）YOLO v5 目标检测网络的输入

YOLO v5 目标检测网络是一个全卷积神经网络,网络中不包含池化层与全连接层,在网络的前向传播过程中通过使用步长为 2 的卷积层缩小特征的尺寸。特征图的尺寸最多要被缩小 5 次,即最后特征图的尺寸是输入图像尺寸的 1/32,这也要求 YOLO v5 目标检测网络的输入图片尺寸必须为 32 的倍数,例如 608×608。

（3）YOLO v5 目标检测网络的输出

YOLO v5 的输出借鉴了特征金字塔网络的思想,输出了 3 个不同尺度的特征图,采用多尺度检测的方法对目标进行检测。对于一张 608×608 大小的图像,YOLO v3 会输出 19×19、38×38、76×76 三种不同大小的特征图。这几种不同的特征图会虚拟地将每张输入图片分割成 19×19、38×38 或者 76×76 的网格(grid),目标的中心落入哪个网格中哪个网格就负责检测该目标,越精细的网格越能够检测越小的物体。

YOLO v5 包含 YOLO v5s、YOLO v5l、YOLO v5m 和 YOLO v5x 等模型,具体性能差异如图 9.12 所示。

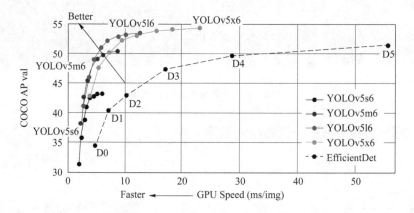

图 9.12　YOLO v5 各模型性能

YOLO v5 为开源算法,可直接从开源网站下载 YOLO v5 项目,其下载链接为:https://github.com/ultralytics/yolov5.git。可根据开源项目中的 requirements.txt 文件配置 YOLO v5 所需环境。

3. 训练与调参

在准备好 DOTA 数据集并配置好 YOLO v5 运行环境后,修改项目目录下./data/coco.yaml 或者./data/coco128.yaml 配置文件中数据集路径、目标检测分类和类别数,如图 9.13 所示。

修改项目目录下 train.py 文件设置训练超参数,如训练轮次、学习率以及优化器选择等,使模型更好地适用于遥感图像检测。修改后运行 train.py 开始训练。

本节使用 Pytorch 开源神经网络框架搭建了 YOLO v5 目标检测与识别网络,编程语言为 Python,使用的系统为 Ubuntu 16.04 操作系统。神经网络训练使用的硬件为实验室的 GPU 服务器,其配置为 CPU:Intel i7-9700K,GPU:NVIDIA RTX 2080,内存:32 GB。

在训练过程中使用的 Batch Size 为 3,输入图像的大小为 608×608,网络训练的最大迭代

```
# train and val data as 1) directory: path/images/, 2) file: path/images.txt, or 3) list: [path1/images/, path2/images/]
train: ../coco128/images/train2017/  # 128 images
val: ../coco128/images/train2017/  # 128 images

# number of classes
nc: 80

# class names
names: [ 'person', 'bicycle', 'car', 'motorcycle', 'airplane', 'bus', 'train', 'truck', 'boat', 'traffic light',
         'fire hydrant', 'stop sign', 'parking meter', 'bench', 'bird', 'cat', 'dog', 'horse', 'sheep', 'cow',
         'elephant', 'bear', 'zebra', 'giraffe', 'backpack', 'umbrella', 'handbag', 'tie', 'suitcase', 'frisbee',
         'skis', 'snowboard', 'sports ball', 'kite', 'baseball bat', 'baseball glove', 'skateboard', 'surfboard',
         'tennis racket', 'bottle', 'wine glass', 'cup', 'fork', 'knife', 'spoon', 'bowl', 'banana', 'apple',
         'sandwich', 'orange', 'broccoli', 'carrot', 'hot dog', 'pizza', 'donut', 'cake', 'chair', 'couch',
         'potted plant', 'bed', 'dining table', 'toilet', 'tv', 'laptop', 'mouse', 'remote', 'keyboard', 'cell phone',
         'microwave', 'oven', 'toaster', 'sink', 'refrigerator', 'book', 'clock', 'vase', 'scissors', 'teddy bear',
         'hair drier', 'toothbrush' ]
```

数据集路径

检测类别数

检测类别

图 9.13　目标检测配置文件

步数设置为 30 000。学习率设置为 0.001,并使用学习率衰减策略防止模型在训练后期出现较大波动。在训练过程中记录 YOLO v5 网络输出值与标签值的平均 IoU、50％IoU 阈值的召回率、75％IoU 阈值的召回率。每一个训练批次训练完成后记录该批次的平均损失值。

每个批次的平均损失值如图 9.14 所示,可以看出在前 1 000 步训练时,YOLO v5 目标检测神经网络的损失值下降很快,从初始的 1 000 左右下降到 10 左右。从第 1 000 步到最后的 30 000 步损失从 10 降到了 2,这一阶段的训练是不断提升目标位置预测准确率的过程。YOLO v5 网络输出值与标签值的平均 IoU、50％IoU 阈值的召回率、75％IoU 阈值的召回率在训练的前 1 000 步均快速增长,在 1 000 步以后网络输出值与标签值的平均 IoU、50％IoU 阈值的召回率增长缓慢,75％IoU 阈值的召回率增长较快,说明随着 YOLO v5 网络的不断训练,网络输出的目标位置精确度在不断提升。

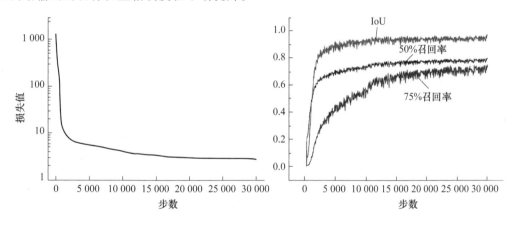

图 9.14　YOLO v5 训练记录

9.3.3　卫星遥感图像目标检测模型验证

保存训练权重,对训练模型进行验证测试,YOLO v5 目标检测网络在验证集上的可视化结果如图 9.15 所示,实验结果表明,YOLO v5 算法对于遥感图像目标具有良好的检测效果。

图 9.15　遥感图像目标检测结果

9.4　总　结

在计算机性能大幅提升之后,深度学习具备了可行性,在各个领域的应用更为广泛,在短短几年内就应用到全球各个专业领域。深度学习为航空航天赋能,利用基于深度学习的卷积神经网络可以实现对遥感图像的多目标快速智能检测。本章基于深度学习知识,以遥感图像目标检测为背景,介绍了深度学习中的卷积神经网络各组成部分及其原理,并使用 YOLO v5 算法实现了案例需求,展示了深度学习在航空航天领域的应用前景及研究价值,本章知识点总结如图 9.16 所示。

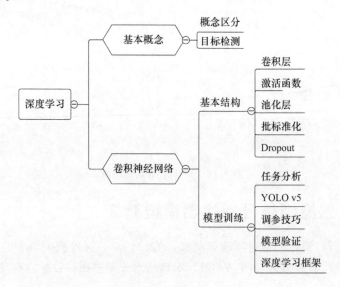

图 9.16　本章知识点总结

9.5　作　业

1. 根据作业演示与作业说明,在 ch9_deep_data1 数据集上利用卷积神经网络完成图像分类任务。

2. 简述卷积神经网络各组成部分及其原理与算法实现。

3. 利用 YOLO v5 完成遥感图像目标检测。

9.6　知识扩展

1. 循环神经网络

循环神经网络(Recurrent Neural Network,RNN)是一类专门用于处理时序数据样本的神经网络,它的每一层不仅输出给下一层,同时还输出一个隐状态,给当前层在处理下一个样本时使用。类似于卷积神经网络可以很容易地扩展到具有很大宽度和高度的图像或者处理不同尺寸的图像,循环神经网络则可以扩展到更长的序列数据,而且大多数的循环神经网络可以处理序列长度不同的数据,尤其适合于语言和语音识别及处理等。

循环神经网络可以看作是带自循环反馈的全连接神经网络,其网络结构如图 9.17 所示。其中 x 是输入序列(长度为 T),h 是隐藏层序列,O 是输出序列,L 是总体损失,y 是目标标签序列,U 是输入层到隐藏层的参数矩阵,W 是隐藏层到隐藏层的自循环参数矩阵,V 是隐藏层到输出层的参数矩阵。值得注意的是:图 9.17 中输入节点数(不止一个)、隐藏节点数、输出节点数都用一个小圆圈表示,它们之前是全连接的,且在隐藏层之间加了一个自循环反馈(通过权重共享),这也是它能够处理不同序列长度数据的原因。

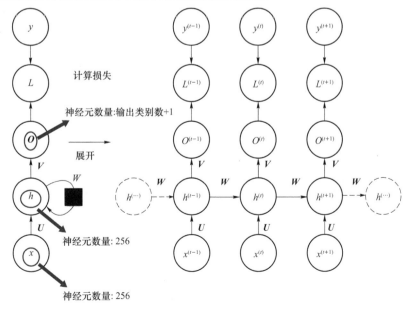

图 9.17　循环神经网络结构

2. 生成式对抗网络

生成式对抗网络(Generative Adversarial Networks，GAN)是一种深度学习模型，是近年来无监督学习最具前景的方法之一。模型通过框架中生成器和判别器的互相博弈学习产生良好的输出，如图 9.18 所示。生成式对抗网络适合处理图像生成、图像转换、图像重建等任务。

生成器的目标是生成与训练数据集无法区分的数据，判别器的目标是正确地确定特定示例是真实的还是假的。当判别器被欺骗误将假图像归类为真实图像时，生成器就知道它做得很好；当判别器拒绝生成器生成的图像时，生成器就知道它需要改进。判别器也在不断改进：对于它所做的每个分类，无论猜测是否正确都会给出反馈。因此，随着生成器更好地生成逼真的数据，判别器可以更好地提高它的鉴别能力。两个网络通过这种猫捉老鼠的游戏同时改进。

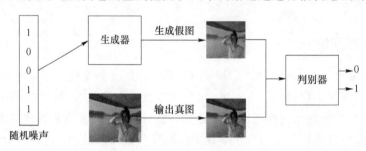

图 9.18　生成式对抗网络结构

第10章 强化学习——无人机智能避障

无人机因其机动性强，对地形要求低的特点，在应急救援、生活运输中可以起到定位目标并定点运输的作用。其中无人机良好的避障能力能够降低机身损坏的风险，能够减少人员伤亡以及对建筑的破坏，是完成任务的必要条件。为了无人机能有效规划路线、成功避障，研究人员提出了用强化学习的方式解决此问题。本章将结合无人机智能避障实例，介绍强化学习的理论，并介绍强化学习理论在实例中的应用情况。

10.1 无人机避障面临的问题

无人机避障实质是对无人机在飞行过程中进行路径规划，在避开障碍物的前提下尽可能路径最短。根据无人机对飞行环境是否可知，避障算法大致分为两类：全局路径规划与局部路径规划。

全局路径规划属于静态规划，是无人机在运动前已知飞行的所有环境信息，根据飞行路径上的障碍物信息，给出一条从出发位置到目标位置的安全路径。全局路径规划常用来寻找路径最优解，计算量偏大，实时性相对比较差。其次，全局路径规划需要得知整个环境地图的所有信息，这在实际应用中十分有限，因为实际环境中很难精确得到飞行环境每个障碍物的具体信息。现实中环境并不是静态的，当无人机在规划好的路径中飞行时，实时感知的地图可能与路径规划的地图不一样，那么就可能造成这个路径并非无人机真实所需的路径，所以全局路径规划局限性较大。

局部路径规划属于动态规划，无人机在飞行过程中根据探测传感器实时获取的环境信息实时计算飞行路径。通常实现局部路径规划的步骤包括以下 4 步：①判断无人机是否可以直接越过障碍物；②如果无法直接越过障碍物，可以通过双目摄像机获取障碍物的相对距离、尺寸，判断危险程度；③对于危险程度较高的障碍物，利用立体视觉系统的位置不确定性和轮廓不确定性，生成危险区域；④综合考虑危险区的范围、无人机的尺寸、飞行区域的环境等因素，在障碍物附近的区域生成一定量的控制点，能够引导无人机飞越障碍物区域，成功完成避障飞行。局部路径规划虽然比全局路径规划更加适合无人机实时性的避障任务，但在某些不可预知情况的避障场景可能造成避障策略无效，导致无人机出现撞毁等极端情况。其次，局部路径规划过于依赖探测条件，对环境信息掌握不全面，会影响路径规划效果。

上述两种方法各有优缺点，不能完全满足当前智能无人机避障的普遍性要求。那么能否有一种避障方法，能够让我们不用去追求环境信息的精确性，转而直接利用真实环境的有限信息和传感器设备的限制条件，端到端地实行无人机避障呢？

为解决这个难题，近些年来，研究人员将强化学习方法引入到无人机避障中。强化学习的特点是可训练智能体在与虚拟环境交互产生的海量数据中实现自主学习。在虚拟环境中，无人机作为智能体可以尽可能地进行探索而不用担心任何损坏坠毁的问题。其次,可以人为地在虚拟环境中添加各种不确定因素让无人机探索学习,从而缓解环境信息有限的问题。考虑到传感器或探测条件的局限性,可将其作为虚拟环境中的状态量,让无人机尽可能地模仿真实情况进行学习。再结合深度学习方法,建立从障碍物识别到避障决策的端到端模型,实现具有学习能力的和高鲁棒性的避障决策算法。

10.2　强化学习理论

10.2.1　强化学习概念

强化学习是一种学习方式,主要解决的问题是序列决策问题。强化学习关心的是在当前状态(State)输入下应该遵循何种策略(Policy)采取何种行为(Action),才能获取长期的最大收益(Value),最终实现目标。

为了学习这个序列决策问题,强化学习让智能体(Agent)与环境不断地交互,在不断地尝试中学会每个状态下的最优策略。这个交互过程可描述为:智能体在时刻 t 得到来自环境的状态 s_t,根据自己的策略 $\pi(s_t)$ 做出执行动作 a_t 的行为,再次观察下一时刻来自环境的状态 S_{t+1} 和即时奖励 r_{t+1}。智能体与环境的交互过程可描述为:$(s_0, a_0, r_1, s_1, \cdots, s_t,)$。

在这个不断的尝试过程中,可以运用强化学习算法根据交互数据对智能体的策略进行训练,让智能体在与环境的交互过程中学会最优策略,从而做出长期有利的行为。图 10.1 为强化学习中智能体与环境的交互过程。

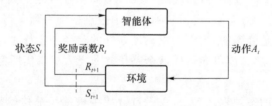

图 10.1　强化学习中智能体与环境的交互过程

10.2.2　强化学习算法

智能体与环境的交互学习过程可以用数学模型来进行描述,最常用的是马尔可夫决策过程(Markov Decision Process,MDP)。

MDP 模型可由 5 部分组成:状态集合(S)、动作集合(A)、状态转移概率矩阵($\boldsymbol{P}$)、回报函数(r)、折扣因子(γ)。

状态集合(S)是状态(s_t)的有限集合。

动作集合(A)是动作(a_t)的有限集合。

状态转移概率描述了对于时刻 t 下的状态 $S_t = s$,采取不同动作 a 后,下一时刻的状态 $S_{t+1} = s'$ 的概率,即 $P_{ss'}^a = P[S_{t+1} = s' | S_t = s, A_t = a]$,则可用状态转移概率矩阵 $\boldsymbol{P}$ 来描述从所有状态到下一状态的转移概率:

$$P = \begin{bmatrix} P_{11} & \cdots & P_{1n} \\ \vdots & & \vdots \\ P_{n1} & \cdots & P_{nn} \end{bmatrix}$$

回报函数(Reward Function)R 描述的是当前状态s_t下采取动作a_t后得到的未来回报的平均值,即$R_s^a = E[R_{t+1} \mid s_t = s, a]$。

折扣因子(Discount Factor)$\gamma \in [0,1]$,用来计算累积回报,对应的是不同时间步回报的衰减。

假设图 10.2 模型描述了小明同学一天的行为,圆圈或方框表示可能的状态,箭头表示状态之间的转移,箭头起始处的数字表示状态转移的概率。在这个 MDP 模型中,状态集合有{Class1,Class2,Class3,Pass,Pub,Facebook,Sleep},状态转移概率矩阵 P 可描述为

	Class1	Class2	Class3	Pass	Pub	Facebook	Sleep
Class1		0.5				0.5	
Class2			0.8				0.2
Class3				0.6	0.4		
Pass							1.0
Pub	0.2	0.4	0.4				
Facebook	0.1					0.9	
Sleep							1

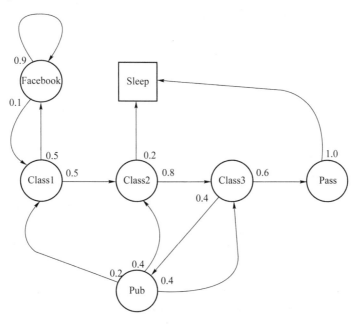

图 10.2 MDP 模型

强化学习的目的是让智能体学会如何做出对未来长期有利的行为,因此首先需要描述智能体当前的状态或动作对未来的影响,强化学习中有以下几个相关定义用于评价状态和动作的好坏的函数:

累积回报（Return）：$R_t = \sum_{k=0}^{\infty} \gamma^k r_{t+k+1}$，当智能体采取策略 π 时，对于当前时刻 t 的状态 s_t，用折扣因子 γ 对未来的即时回报 r_t 进行求和。但由于每次采取的策略 π 是随机的，因此累积回报也是随机的，为了用确定的量来评价状态 s_t 对未来的影响，我们可取累计回报 R_t 的期望。

状态价值函数（State Value Function）：当智能体采取策略 π 时，当前状态 s_t 处累积回报 R_t 的期望值定义为状态价值函数：$V_\pi(s) = E_\pi[R_t | s_t = s]$。状态价值函数常简称为值函数（Value Function），评价了状态 s_t 的平均有利程度。

动作价值函数（Action Value Function）：当智能体采取策略 π 时，在当前状态 s_t 采取动作 a_t 后的累积回报的期望值，即 $Q_\pi(s,a) = E_\pi[R_t | s_t = s, a_t = a]$。动作价值函数也称为 Q 函数（Q Function），描述了当前状态采取动作 a 的平均有利程度。

优势函数（Advantage Function）：当智能体采取策略 π 时，对当前状态采取动作 a 的动作价值函数和当前状态的状态价值函数之差，即 $A_\pi(s,a) = Q_\pi(s,a) - V_\pi(s)$，描述了采取动作 a 后的平均有利提高程度。

强化学习的目标：对于初始状态 s_0，找到最优策略 π_*，当遵循此策略进行决策 $a_t = \pi(s)$ 或 $a_t \sim \pi(\cdot | s)$ 时，智能体能获得最佳的长期回报，即

$$\max_\pi V_\pi(s_0) = V_*(s_0)$$

其中，当 $a_t = \pi(s)$ 时，称策略 π 为确定性策略；当 $a_t \sim \pi(\cdot | s)$ 时，称策略 π 为随机性策略。

在用 MDP 描述的决策过程中，最关键的就是环境的状态转移概率矩阵 $\boldsymbol{P}$。根据 $\boldsymbol{P}$ 是否已知，图 10.3 可以将序列决策问题的解决方法分为基于模型的动态规划方法和无模型的强化学习两类。

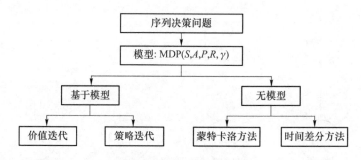

图 10.3　强化学习算法分类

下面对无模型的两种强化学习方法进行简要的介绍：

（1）蒙特卡洛方法

对于无模型的强化学习方法，无法知道模型的状态转移概率矩阵 $\boldsymbol{P}$，无法运用贝尔曼期望方程去计算策略 π 下所有状态的价值函数。但我们可以通过采样的方法，即蒙特卡洛方法去估计状态价值函数，更新方法为

$$V(S_t) = V(S_t) + \alpha[G_t - V(S_t)]$$

式中：α 为更新权重；G_t 为该状态的累积回报。

在运用蒙特卡洛方法评估策略 π 的状态价值函数后，即可采用基于模型的策略迭代方法，不断迭代状态价值评估、策略提高两个过程，最终策略收敛至最优。

（2）时间差分方法

时间差分方法（Temporal - Difference Learning）结合了蒙特卡洛方法和动态规划方法的自举算法（Bootstrapping），利用后继状态的值函数来估计当前的值函数，值函数的更新方法变为

$$V(S_t)=V(S_t)+\alpha[R_{t+1}+\gamma V(S_{t+1})-V(S_t)]$$

式中：$R_{t+1}+\gamma V(S_{t+1})$ 称为 TD 目标；$R_{t+1}+\gamma V(S_{t+1})-V(S_t)$ 称为 TD 误差。

TD 方法中，Sarsa 和 Q - Learning 是常用的两种强化学习方法，都是属于 TD 方法的特例，其算法流程如图 10.4 和图 10.5 所示。

```
Initialize Q(s,a), ∀s ∈ S, a ∈ A(s), arbitrarily, and Q(terminal-state,·) = 0
Repeat (for each episode):
    Initialize S
    Choose A from S using policy derived from Q (e.g., ε-greedy)
    Repeat (for each step of episode):
        Take action A, observe R, S′
        Choose A′ from S′ using policy derived from Q (e.g., ε-greedy)
        Q(S, A) ← Q(S, A) + α[R + γQ(S′, A′) − Q(S, A)]
        S ← S′; A ← A′;
    until S is terminal
```

图 10.4　Sarsa 算法流程

```
Initialize Q(s,a), ∀s ∈ S, a ∈ A(s), arbitrarily, and Q(terminal-state,·) = 0
Repeat (for each episode):
    Initialize S
    Repeat (for each step of episode):
        Choose A from S using policy derived from Q (e.g., ε-greedy)
        Take action A, observe R, S′
        Q(S, A) ← Q(S, A) + α[R + γ max_a Q(S′, a) − Q(S, A)]
        S ← S′;
    until S is terminal
```

图 10.5　Q - Learning 算法流程

10.2.3　深度强化学习

传统的强化学习过程是先手工设计大量特征描述整个状态，得到这些特征后通过训练一个分类网络或者分别训练一个价值估计函数来做出决策。在强化学习中加入深度神经网络以后，上述过程被改进为了一个端到端训练的过程。将强化学习和深度学习结合起来，就形成了深度强化学习（Deep Reinforcemet Learning），可以实现端到端的训练，其参数可以在每个阶段达到极大的优化。其输入为当前的状态，可以直接输出动作，用一个神经网络来拟合这里的价值函数或策略网络，省去了特征工程的过程，图 10.6 对比了两种强化学习的过程。

深度强化学习的基本框架为：与环境交互生成一些训练样本，用神经网络去拟合某些模型（价值函数或策略或状态转移模型），根据此模型去提高策略。依据神经网络在强化学习中应用的不同（见图 10.7），可以将深度强化学习分为两类：无模型（Model - Free）和基于模型的（Model - Based）方法，而无模型方法可以进一步分为：基于价值的（Value - Based）、基于策略

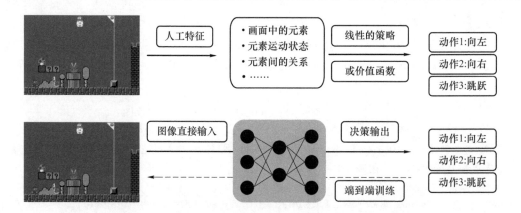

使用神经网络非线性拟合估计价值函数、Q函数、策略网络

图 10.6　强化学习与深度强化学习的对比

的(Policy - Based)、演员-评论家(Actor - Critic)方法。

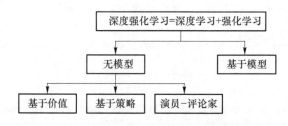

图 10.7　深度强化学习分类

基于价值的深度强化学习用神经网络拟合状态价值函数或动作价值函数;基于策略的方法用神经网络直接拟合策略;演员-评论家方法则同时拟合价值函数和策略,并用价值函数去指导策略更新,因此拟合的价值函数称为评论家(Critic),据此更新的策略称为演员(Actor)。基于模型的方法,则选择直接拟合状态转移概率 $P(s_{t+1}|s_t, a_t)$,若能预测采取动作a_t后的下一状态s_{t+1},我们就可以直接运用最优控制的方法,如模型预测控制(Model Predict Control,MPC)等方法去生成最优策略和轨迹。

总的来说,这两大类深度强化学习方法各有优劣。无模型的方法主要通过在与环境交互中不断试错去学习,学习效率较低,但可学习很复杂的任务,且渐进性能好(能达到的最佳性能高),在电子游戏、推荐系统等虚拟任务中应用较多。基于模型的方法直接学习状态转移概率,只适合环境模型容易学习的情况,且渐进性能较差,但其优点是学习效率高,只需与环境的少量交互便可学会简单任务,因此在机器人的导航等实际任务中得到了较多应用。

下面介绍一种较为典型的深度强化学习(Deep Q - Learning,DQN)算法,如图 10.8 所示。Q - Learning 算法是 Watkins 在 1989 年提出的,2015 年 DeepMind 公司发表了结合深度学习和 Q - Learning 的 Deep Q - Learning 方法。

首先,应用一个策略与环境交互(一般采用 ε-greedy),收集足够多的数据。然后用这些数据训练一个神经网络(Q 网络)来拟合环境的动作价值函数。在训练结束以后,DQN 算法决策过程如图 10.9 所示,采用 Q 网络辅助进行决策,将当前所处的环境 S 输入到 Q 网络中,得到可执行动作的动作价值,然后选取价值最高的那个动作进行执行。进入下一状态时,重复上述过程,直至游戏结束。

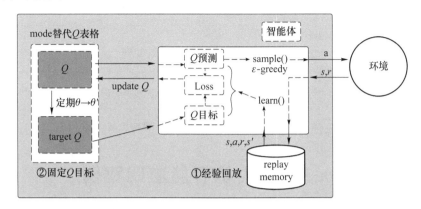

图 10.8　DQN 示意图

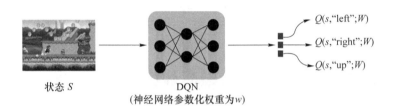

图 10.9　DQN 算法决策的过程

DQN 对 Q-Learning 的修改主要体现在以下 3 个方面:

(1) 利用深度神经网络去逼近值函数

用深度网络(全连接、卷积网络等)拟合动作价值函数,并将 $r_t + \gamma \max\limits_{a_{t+1}} Q(s_{t+1}, a_{t+1})$ 作为 TD 目标。DQN 通过循环迭代图 10.10 中的过程来训练 Q 函数。

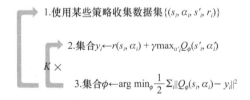

图 10.10　Q 函数的更新方法

(2) 加入经验回放机制打破训练数据的关联性

在训练神经网络时,要求训练数据是独立同分布的,但强化学习的从环境交互中得到的数据具体时序的关联性,直接利用这些数据进行顺序训练,会导致神经网络训练的不稳定。为了打破数据间的关联性,DQN 将数据存放到一个数据库中,再用均匀随机采用的方法从数据库中抽取数据,并利用抽取的数据训练神经网络。

(3) 单独设置目标网络处理 TD 误差

用包含 Q 函数的目标来训练 Q 函数,类似于让 Q 函数追着一个运动的目标,会导致训练的不稳定。因此,DQN 再单独设置一个目标网络,在训练 Q 函数时这个目标网络是固定的,

并间隔固定步数用 Q 函数网络更新目标网络,训练过程如图 10.11 所示。

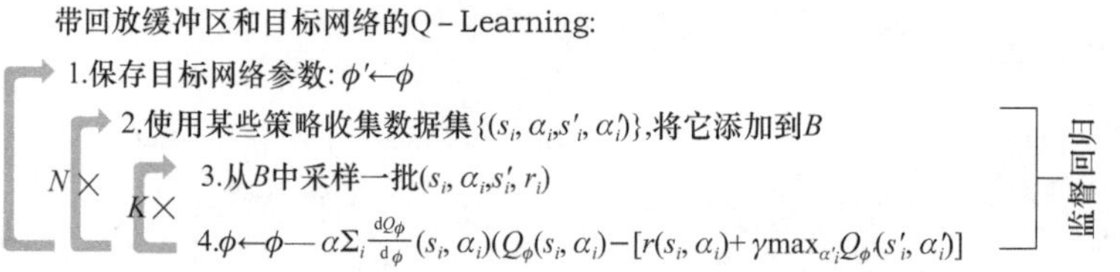

带回放缓冲区和目标网络的Q - Learning:

$N\times$ $K\times$
1. 保存目标网络参数: $\phi'\leftarrow\phi$
2. 使用某些策略收集数据集 $\{(s_i,\alpha_i,s'_i,\alpha'_i)\}$,将它添加到 B
3. 从 B 中采样一批 (s_i,α_i,r_i)
4. $\phi\leftarrow\phi-\alpha\sum_i\frac{\mathrm{d}Q_\phi}{\mathrm{d}\phi}(s_i,\alpha_i)(Q_\phi(s_i,\alpha_i)-[r(s_i,\alpha_i)+\gamma\max_{\alpha'_i}Q_\phi(s'_i,\alpha'_i)])$

监督回归

图 10.11　带有目标网络的 DQN 算法流程

10.3　无人机智能避障案例

应用深度强化学习进行无人机智能视觉避障具有可行性。根据无人机的飞行特性搭建 V - rep 三维物理仿真环境,在仿真环境中进行视觉避障训练,验证深度强化学习算法在无人机视觉避障中的性能,随后使用训练得到的权重文件在陌生场景进行测试。案例结果表明,深度强化学习训练的智能体能够成功完成无人机视觉避障。

10.3.1　无人机深度强化学习避障建模

1. 仿真环境搭建

针对四旋翼无人机常见障碍,在 V - rep 仿真平台上搭建符合无人机室内飞行环境的 25 m×5 m 的长方形场景,在起点和终点之间设置桌子、书架、窗户、人等多类室内常见的障碍。障碍物场景分为训练场景和测试场景,训练场景包含所有类障碍,测试场景则改变障碍物顺序,但不改变障碍类别。本章仿真环境共设置了一个训练场景和两个测试场景,分别设置了出发点和目标点。仿真环境如图 10.12 所示。

无人机通过实时的视觉图像信息作为主要感知方式,添加 IN - SIGHT 系列视觉传感器,视角为前方 90°,获取 256×256 图片信息。同时添加多个超声波的距离传感器获取 16×1 的距离信息。两类感知信息相结合,供无人机获取周边障碍信息。

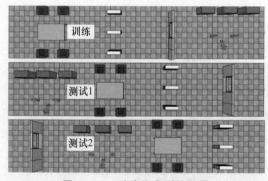

图 10.12　避障仿真训练场景

2. 无人机强化学习避障建模

为了使用 DQN 等经典强化学习算法对无人机智能体进行训练,首先针对无人机的动作空间进行离散化,随后进行马尔可夫过程建模,主要内容包括动作变量设计、状态变量设计和奖励函数设计。动作变量和状态变量需要根据飞行器的布局和飞行特点等因素确定。奖励函数的设计需结合具体的训练对象和训练任务,研究设计合适的奖励函数,能够帮助深度强化学习算法更快速地收敛。

(1) 无人机动作空间离散化

由于无人机自身的物理限制和航迹限制,需对整个无人机动作空间进行合理的离散化以获得合理的无人机决策动作。离散单步步长过大,会导致航迹过于粗糙,并出现过大的避障动作;离散单步步长过小,则会大幅增加计算机的计算量和训练时间,所以进行合理离散对于算法优劣极为重要。

水平动作空间离散:根据无人机转弯半径的限制,将水平飞行步长离散化,设为Rad_{turn},使无人机能在最小状态空间内充分发挥其机动性。如图 10.13 所示,黑色格点代表障碍物,白色区域代表无障碍的可通过区域。垂直动作空间离散:根据无人机爬升能力设置合理的垂直空间动作,由于四旋翼无人机爬升速度相对缓慢,故只取三种垂直动作,分别为平飞、爬升、下降。

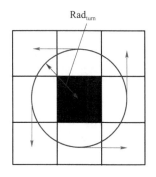

图 10.13 水平空间离散化

综上,将四旋翼无人机的连续动作离散为如图 10.14 所示的 9 种动作,无人机处于中心块位置,可选用最外层的 9 种动作。

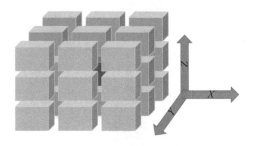

图 10.14 动作空间离散结果

(2) 状态变量设计

从 V - rep 通信端口中获取得到的传感器图像为 256×256 的彩色图片,先做图片降维为 80×80 的灰度图片,同时将从 V - rep 仿真环境中距离传感器获取的 16×1 距离信息和 80×80 图像信息放入到一张图片中,作为每一次获取到的状态 S,如图 10.15 所示。

获取的图像信息使用卷积神经网络进行信息解码,将 80×80 的高维图片输入信息降维编

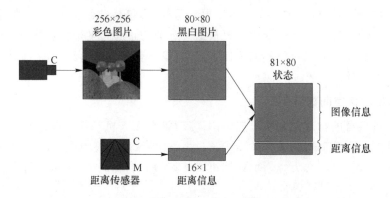

图 10.15   获取 DQN 状态

码,运用三层卷积层逐层提取图片中的信息。将经过预处理的连续 4 个时刻的视觉传感器图片依次通过 $8×8×4$、$4×4×32$ 和 $3×3×64$ 的卷积核,每一层后都通过 ReLU 函数进行激活,卷积步长分别为 4、2、1,图像经这三层卷积处理最终获取整个状态的特征图。

单依靠一个视觉传感器无法感知到物体距飞行器的距离,所以需要视觉传感器与距离传感器相配合。对两个传感器信息进行结合的两种不同的方法(见图 10.16):一种方法是直接将视觉传感器和距离传感器的信息压缩到一张图中,通过卷积神经网络的拟合能力将两个传感器结合,两者一起通过卷积和两层全连接,输出动作价值函数;另一种方法是分离处理,分别处理图片信息和距离信息,将视觉图片信息单独处理,先通过卷积来提取出特征图,特征图先经过一层全连接网络处理后获得特征图提取的信息,再将其与距离传感器得到的距离信息相结合,最后通过全连接输出动作价值函数。如果选择第二种方法,那么第一层全连接有 256 个神经元,激活函数为 ReLU 函数;第二层全连接网络神经元个数为动作空间大小,没有激活函数。

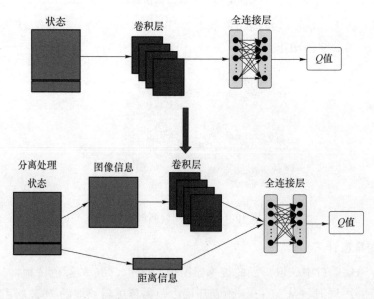

图 10.16   DQN 获取 Q 值

（3）奖励函数设置

以目标点与当前位置的欧式距离和起始点与目标点的欧氏距离之差来表征转移距离 r_{dis}。当飞行器离最终的目标点越近时，此回报值则越大；反之则越小。通过这一部分回报值来引导智能体学习飞行目标，使无人机向环境中所设置的目标点位置前进。

$$r_{dis} = \sqrt{(x_{tar} - x_{start})^2 + (y_{tar} - y_{start})^2 + (z_{tar} - z_{start})^2} -$$
$$\sqrt{(x_{tar} - x_{now})^2 + (y_{tar} - y_{now})^2 + (z_{tar} - z_{now})^2}$$

设置无人机飞行高度惩罚项 r_h。无人机在巡航高度具有更长的飞行时间，为此设置了此项回报。飞行高度过高或者过低都会使得此项回报 r_h 增大，使无人机尽可能飞行在巡航高度 h 附近。

$$r_h = |z_{now} - h|$$

设置飞行能耗惩罚项，对于不同的飞行动作，设置不同的飞行能耗参数，以保证无人机以较低的能耗实现避障。无人机爬升和降落时，能源的消耗程度是不一样的。w_{hor}^{oil} 和 w_{ver}^{oil} 分别表示采取不同动作时，水平和垂直方向的油耗权重，dis_{hor} 和 dis_{ver} 分别表示无人机单个时间步在水平和垂直方向所移动的距离。

$$r_{oil} = w_{hor}^{oil} dis_{hor} + w_{ver}^{oil} dis_{ver}$$

对于出现与障碍物发生碰撞的情况，设置较大的惩罚项；对于到达目标点的情况，设置正奖励。

$$r_{terminal} = \begin{cases} +1.5, & \text{达到目标点} \\ -1.5, & \text{碰撞} \end{cases}$$

最终的回报函数如下式所示，其中 w_i 为不同的回报函数所占的权重值：

$$r = \begin{cases} r_{terminal}, & \text{终态} \\ w_0 * \log(r_{dis}) + w_1 * r_h + w_2 * r_{oil}, & \text{其他情况} \end{cases}$$

通过设置的回报函数，作为强化学习的学习导向，使强化学习向着这一方向不断迭代优化，回报值最高则获取最优策略。

10.3.2　网络训练与验证

DQN 是平滑相互连接的模型，算法各个部分均是可微的，训练时梯度反向传播，利用自适应优化梯度下降算法对网络的损失函数进行优化，使被训练策略无限趋近于最优的避障策略。

训练完成后的模型对价值函数的评估不再使用目标价值网络及其参数，而是直接通过当前动作价值函数评价 Q 值，以获取最佳动作策略。

强化学习训练时，智能体与环境交互的过程中，样本与样本之间高度相关，且在时间维度上连续，而深度学习是通过反向传播对网络参数进行优化，需要样本与样本之间相互独立，所以在每个时间步长中获取到的样本都被存入经验库中，训练时每次从经验库中随机抽取若干组连续的样本作为训练数据。本章的案例中，无人机智能体与环境经过约 50 万次的交互可习得避障能力。

运用训练好的权重在训练场景中进行测试，DQN 算法可成功收敛并避障经过所有障碍物。

10.4 总 结

无人机智能避障是无人机研究中的重要问题。传统避障算法需要建立导航地图,对于不同避障场景适应性差,而深度强化学习则具有适应性强,避障效果好等优点。本章基于深度强化学习理论,在三维仿真环境进行了无人机智能体与飞行环境的交互训练,本章的知识结构如图 10.17 所示。结果表明,对于训练得到的模型,在测试场景中验证了良好的避障能力,表明深度强化学习算法应用于无人机智能避障具备可行性。

由于仿真环境的建模可能存在误差,在模拟环境中学习到的最优避障策略迁移到真实的无人机平台还需要解决虚实迁移的问题。实现的方式主要有:构建与现实世界更加逼真的仿真环境、迁移学习、模仿学习等。

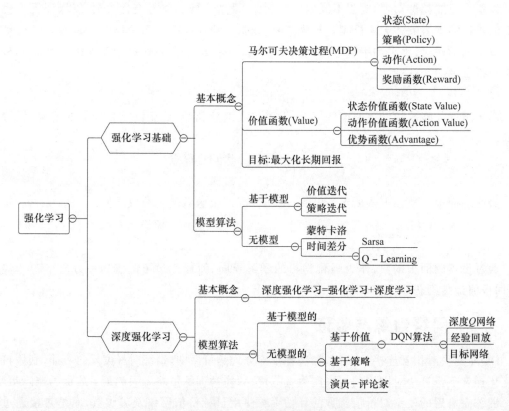

图 10.17 本章知识点总结

10.5 作 业

1. 根据本书所附的代码 ch10_reinforce_code1,调节超参数,训练无人机进行避障,撰写研究报告,总结调参的规律和经验。

2. 简述 DQN(Deep Q‐Learning)和 Q‐Learning 的异同点。

3. 强化学习可用于序贯决策场景,结合所学专业,对某一决策场景进行强化学习建模。

10.6　知识扩展

强化学习在航空中还可以代替传统 PID 等应用在飞行器的底层控制中,如图 10.18 所示(https://github.com/wil3/gymfc)。

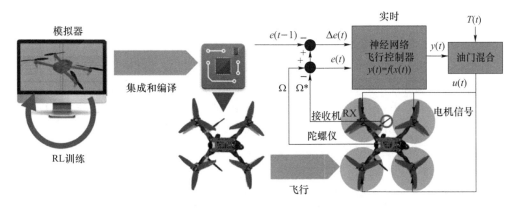

图 10.18　采用深度强化学习算法训练底层控制器

在虚拟的仿真环境中搭建无人机的电子样机,通过与环境的交互,训练一个深度强化学习算法,代替 PID 算法,完成无人机的飞行控制。基于深度强化学习算法的控制器具有如下优势:

(1) 更精准的控制能力和快速响应能力

可实现飞行器在全包线的精准控制,尤其是提升机动飞行中或在恶劣气象条件干扰下的快速响应能力。

(2) 任意的被控对象

只需要对目标被控对象进行建模与仿真,基于深度强化学习的 AI 飞行控制器就能够通过与仿真环境的交互学习任意飞行器的控制。这种无模型的 AI 控制器无需针对被控对象进行控制器的特殊化设计,通过自我学习代替了烦琐的人工调参,实现更佳的控制效果。

(3) 巨量的学习经验

基于深度强化学习的飞行控制技术,能够突破各种人工设计控制器的局限,通过与训练环境的大量交互,在巨量的经验中自我学习与进化,实现比人工控制器更为精准、鲁棒的控制效果。

(4) 可行的实际应用

强化学习训练形成的 AI 飞行控制器可在真实无人机上进行部署,对于复杂新构型的无人机飞行控制提供了全新的思路。

参考文献

[1] 周志华. 机器学习[M]. 北京：中国民商，2016.

[2] 蔡自兴，徐光祐. 人工智能及其应用[M].3 版. 北京：清华大学出版社，2004.

[3] 王永庆. 人工智能原理与方法[M]. 西安：西安交通大学出版社，1998.

[4] Alpaydin E. Introduction to Machine Learning[M]. Cambridge：MIT press，2020.

[5] Bishop，Christopher M. Pattern Recognition and Machine Learning[M]. Berlin：Springer，2006.

[6] Haykin S S，Gwynn R. Neural Networks and Learning Machines[M]. Beijing：China Machine Press，2009.

[7] Boyd S，Vandenberghe L. Convex Optimization[M]. 北京：世界图书出版公司，2004.

[8] Vapnik V. The Nature of Statistical Learning Theory[M]. Berlin：Springer science & business media，1999.

[9] Carbonell J G. Machine Learning：Paradigms and Methods[J]. Elsevier North-Holland，Inc.，1990.

[10] Sutton R，Barto A. Reinforcement Learning：An Introduction[M]. Cambridge：MIT Press，1998.

[11] Osborne M J，Rubinstein A. A Course in Game Theory[M]. Cambridge：MIT press，1994.

[12] Goodfellow I，Bengio Y，Courville A. Deep Learning[M]. Cambridge：MIT Press，2016.

[13] Géron A. Hands-on Machine Learning with scikit-Learn，Keras，and TensorFlow：Concepts，Tools，and Techniques to Build Intelligent Systems[M]. Sebastopol：O'Reilly Media，Inc.，2019.

[14] Maxim Lapan. Deep Reinforcement Learning Hands-On[M]. Birmingham：Packt，2018.

[15] Marr D. Vision：A Computational Investigation into the Human Representation and Processing of Visual Information[J]. The Quarterly Review of Biology，1983，58(2).

[16] Hartley R，Zisserman A. Multiple View Geometry in Computer Vision[M]. 2nd ed. Cambridge：Cambridge University Press，2003.

[17] Wirth N. Algorithm + Data Structure = Programs[M]. Hoboken：Prentice Hall PTR，1976.